その悩み、僕らなら

数学

で解決できます！

はなお＆でんがん
と仲間たち＝著

総合統括

でんがん

カバー・大扉・コラムのイラスト

はなお

ブックデザイン

大野恵美子（studio Maple）

本文イラスト

やないあさみ

写真撮影

野地哲也

DTP・本文図版

shiori（BE-million）

協力

みさみさ（株式会社ほえい）
新泉和季子（UUUM）

構成

山城 稔（BE-million）

まえがき

　みなさんは学生の苦手な科目ランキングでどの科目が1位だと思いますか?? 答えは数学です。もちろん年度によって細かい差はありますが、この結果は数学という科目が多くの学生を苦しめていることを表しています。

「sin、cos とか意味不明すぎて草（高２：男）」「英語とかならわかるけど数学って将来いつ使えるん??（中３：男）」「証明って何?? 謎すぎ ww（中２：女）」

　笑えるかもしれませんが、これが数学に対する学生の生の意見です。数式の難解さや論理性の難しさで挫折（ざせつ）する人が多いのです。

　これは学生だけに限りません。今仕事をし、この本を手に取ってくださった方の中にも、学生時代に挫折を経験した人は多いでしょう。これはなぜでしょうか？

　理由はさまざまですが、僕は「数学は楽しくない」と思い込んでいることが大きな原因なのではないかと思っています。

　数学に触れようとすると、数学的な論理的思考に直面し、数学から逃げたくなります。それだけでなく「楽しくない科目」という先入観を植えつけられたのではないかとすら思うのです。実際に僕が塾で先生をしていたときも、最初から数学に触れたくない学生が多かった記憶もあります。

　そこで執筆したのがこの本です。僕たちはどうにか楽しく数学に触れることはできないか?? と考え、制作しました。「いつも遅刻してしまいます」や「恋人が欲しいです」などの悩みに対して、なるべく難解な数式は用いずに、それでいて数学的に話を展開し、その悩みを解決していきます。

　本書は数学を学ぶための教科書的な本ではなく、軽いコメディに少し数学が出てくる数学×笑いの本です。「数学を使ってこれだけ楽しく遊ぶことができるんだ！」と数学の魅力に気づけるような笑える内容を心がけました。多くの人々が数学という科目に関心を持ち、楽しくない→学びたい！ に変わる糸口になる可能性を秘めた本です。どうぞお楽しみください。

総合統括 でんがん

その悩み、僕らなら**数学**で解決できます！

c o n t e n t s

数学をおもちゃの
ようにして遊ぶ

はなお

本書のクリエイティブ隊長。 大阪大学基礎工学部卒業。滋賀県出身。その凄まじき発想力から、本書カバーのイラスト描画やデザイン案なども担当。かつて名古屋大学を A 判定でありながら油断した結果不合格になり、1 年浪人して阪大に合格、でんがんと出会う。その合格発表は YouTube 上で今も公開されている。

でんがん

本書の制作リーダー。 大阪大学基礎工学部卒業。兵庫県出身。一度は大手メーカーのサラリーマンになるも、退職し YouTuber になった経験と塾講師歴 5 年の経験を活かし、本書制作のリーダーを務めた。現在は、はなおでんがんチャンネルの運営に携わり、将来は教育業も視野に入れている。

キム・ヒョジュン

本書の数学隊長。 大阪大学理学部数学科卒業。静岡県出身。圧倒的な数学の能力から、本書の制作に関わり、本書のコラムもいくつか手がけた。2016 年に積分サークルの新歓という動画で初めてはなおでんがんと出会う。他の人に比べてトイレが異常に長い。

悩み解決に向けた議論は
計30時間を超えた

その悩み、
僕らなら数学で
解決できます！

すん

本書の物化隊長。 大阪大学理学部化学科在籍。このチームの最年少。神奈川県出身。本書が数学の本であるにもかかわらず、物理や化学で話を展開しがちな現役阪大生。見た目と印象では少し抜けてる天然感があるが、実際はまずまずしっかりしている。

第1章

ささいな悩み

いつも必ず5分
遅刻してしまいます。

「遅刻してしまう悪いクセがあります。
どうしたら直りますか?」
というお悩みです。
いますよねー、なぜかいつも遅刻する人。
実は僕らの仲間にもいるんですよ ww

 キムさん　親近感持って回答できそうですけどｗｗ

 言っていいっすか?

 どうぞどうぞ!

 この悪癖はですね……直りません!

 いえ 直ります!

 ・・・・・・

 WWW WWW

 そもそも　なんで遅刻するの?

 ひょっとして　罪悪感がないとか!?

 えーッ ひどいっすよ
僕だって遅刻したくないんです

 なら　少し早く家を出ればいいやん

 ・・・・・・

なぜ遅刻をするのか？　僕なりに**仮説**を立ててみました

遅刻の3変数関数理論〈関数〉

遅刻には次の3つの要因が関係しています。

x：コミュニティの雰囲気
　→低いほど緊張感がないので
　　遅刻しやすい

例）会社は緊張感があるので
　　100に近く、サークルは0に近い

x
100 緊張感がある

0 緊張感がない

y：今の忙しさ
　→低いほどそれに専念できる
　　ので遅刻しにくい

例）複数の仕事を抱えるなど多忙な人
　　は100に近く、ヒマな人は0に近い

y
100 とても忙しい

0 忙しくない

z：コミュニティに対する忠誠心
　→低いほど思いが薄いので遅
　　刻しやすい

例）リーダーは100に近く、
　　幽霊部員は0に近い

z
100 忠誠心が強い

0 忠誠心が弱い

この3変数によって遅刻するか否かが決まります。
以下がその公式です。

lateのLね→ $$L = x - y + z \geq 100$$

Lの数値が<u>大きい人ほど遅刻しない</u>んですよ。

 100以上の人は
遅刻しない人です。たぶん…

　へぇ〜！

 忠誠心って　何？

 相手を大事に思う気持ちみたいな……。大切な彼女とのデートで
遅刻しませんよね？　それは相手を大事に思ってるからです

試しに ちょっと計算してみましょうか？

 遅刻の３変数関数理論の続き

新入社員のＡ君がいます。
会社は緊張感があるので $x = 90$
新入社員なのでそれほど忙しくなく $y = 10$
忠誠心はまあまあなので $z = 50$
これを数式にあてはめます。

$$L = 90 - 10 + 50 = 130$$

Ｌの値が高いＡ君は遅刻しません！

 なるほど〜

 そしたら キムの場合はどうなんやろ？

 キムさんの場合は こんな感じです

＊株式会社ほえい：この
４人が所属するコミュニ
ティ（YouTube）の１つ

 x：ほえい（＊）のコミュニティはゆるい→ 10
y：大学もほぼ終了してひま　　　　→ 10
z：相手への気持ちが見えにくい　　→ 50

$$L = 10 - 10 + 50 = 50$$

 ＋50！ 100 よりだいぶ下やん!?　そりゃ遅刻するわｗｗ

 俺らのコミュニティ（ほえい）ゆるいと思ってるんやｗｗ

 マジで違いますから！　　忠誠心もありますからね！
今後は x →大にして　ほえい全体で遅刻しない風潮にしましょう

 お前が言うな〜ｗｗ

 俺 思ったんだけど
遅刻って 単に 算数の問題かもしれへんよ

 どういうこと？

時間計算を見直そう〈時間の計算〉

遅刻をよくする人って、普通なら徒歩で 15 分かかるところを「がんばれば 10 分で行ける！」みたいな思考してない？　こんな図を見たことあるでしょ。

距離と時間と速さの関係図

距離（道のり）÷ 時間 ＝ 速さ
距離（道のり）÷ 速さ ＝ 時間
時間 × 速さ ＝ 距離（道のり）

駅までの距離が 1 ㎞で、時速 4 ㎞で歩く人なら、

$$1 \div 4 = 0.25$$
$$0.25 \times 60 \text{分} = 15 \text{分}$$

駅まで 15 分かかると導き出せる。
遅刻する人はその計算ができていないのかもしれない。
Google Maps を利用してる人も多いと思うけど、実はあれ、歩行スピードが 4.8 ㎞ /h で設定されてるんだって。
でもそれを知らん人も多いのよ。自分の歩く速さがそれより遅かったら予定到着時刻より遅くなってしまうんだけど、そもそもそれがわかってないと思うねん。
想定の時間と実際の時間にズレがあるのよ。

 たしかに僕 そうかもしれません

遅刻する人としない人の差を決める図を書くよ。

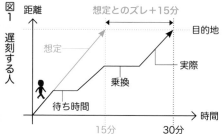

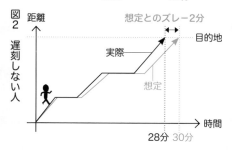

図1はよく遅刻する人、図2はあまり遅刻しない人の頭の中（想定）と実際の行動をグラフに表した図なんだ。

図1では、頭の中（想定）では15分で着くと思っていたのに、実際は30分かかってしまったことを表している。
つまり、想定していた時間と15分（30－15＝15分）のズレが出てしまっているんだよね。
おそらく、信号待ちや駅での待ち時間、乗り換え時間を甘く見ていたんでしょうね。歩く速度も遅かったかも。

いっぽう図2では、ほぼ想定通り（想定より前）に到着しているよね。つまり、遅刻しやすい人に比べて、途中の経路でどれくらいかかるか見積もられているってことなんだ。
これを見れば、図2の人に比べて図1の人がいかに何も考えていないか一目瞭然！ このように**数学のグラフは目で見て状況を把握できる**すばらしいアイテムなんだ。

 いったん図に書くのは 僕ら理系人の基本です

数学科のキムが なんでそれをやらんのか不思議や

 いや やってるんです。でも僕はその前なんです

 どういうこと？

 例えば 10 時集合で そこまで 30 分かかるとします。
9 時半に家を出るから 8 時半に起きる。
なのに 9 時半に家を出られないんです

   なぜっ？

 そんで 今 思ったんですけど。
家出るまでの行動を ルーティン化したらいいかなと !?

キムが決めた朝のルーティン

①汗ふき   ： 2 分
②ひげそり・洗顔：10 分
③日焼け止め   ： 5 分
④歯みがき   ：10 分
⑤服を着る   ： 5 分
⑥ワックス   ：15 分

 合計すると 47 分か……　 かかりすぎやない !?
テキパキ行動できないってこと？

 でも こうやって紙に書いたら 僕 できる子なんでｗｗ

 小学生みたいなｗｗ　 じゃあキム君 明日からきちんとできますね

 はーいっ！

 でも これで遅刻が直るとは思えへんなあ。
そこでもう 1 つ 罪悪感障壁理論 も追加しとくわ

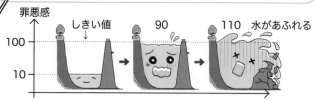

罪悪感

しきい値 ↓   90   110 水があふれる

100

10

図のように、罪の意識の水が一定量（しきい値＊）を超えた
時点で、遅刻がなくなるという理論。

人間の心には水がめ（ダム）のようなものがあり、罪の意識
の水はそこに溜まっていくんだけど、限度量を超え、罪悪
感障壁が崩壊すると、罪の意識が心を覆い、遅刻がなくな
るというわけ。

＊しきい値：その値を超えると効果が現れる値のこと。
（上の場合 100 を超えると罪悪感 Max になる）

【補足】

しきい値に早く到達するためには遅刻の回数を増やすこと。
そして罪の意識を減らさないようにすることがポイント！
そのためには、短期間に（罪を忘れないうちに）できるだけ
たくさん遅刻をすればいいんだ。
つまり、僕らがキムを誘いまくって短期間のうちに遅刻の
回数を増やしてあげることが大事！
まさに愛のこもった解決策なんや。

 うぅっ泣ける～！ もう遅刻はしませんッ！

 ホンマやな!? www

 まとめ

キム君への個人授業みたいになってしまったけど、
これはみんなに使える理論だと思いますよ。
僕はさらに「集合時間を『9 時 30 分～ 10 時』と幅
を持たせること」を提案します。数学の定義域です。
時間を 1 点ではなく帯にすることで「そのどこかに
行けばいい」となり、時間を守りやすくなるのです。

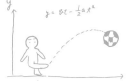

関数って何？

悩みの解決に関数の考え方を使いましたが、そもそも関数ってなんでしょう？

教科書にはこんな文章が載ってます。

「ある変数 x に対して決まる値 y を返すもの」

はあ？？？ なんのこっちゃって思いますよね。

というわけで、ここではざっくりした関数のイメージを教えます。

まず、関数の「関」という字、昔は「函」と書かれていました。函館の函ですが、その読みの通り、はこ（箱）を表しているんです。

両替機を例にして考えてみますね。お札を入れると、小銭がじゃらじゃら出てくる大きな金属製の函（箱）なんです。

中身の構造はよくわかりませんが、どうやら「1000」円札を入れると、100円玉を「10」枚返してくれるらしい。つまり両替機とは、「1000」を入れると「10」が出てくる「函」なんですね。

ではこの両替機に10000円を入れたらどうなるでしょう？

100円玉が100枚出てくるはずですね。式にすると、

$$10000\,円 \div 100\,円 = 100\,枚 \qquad 分数にすると \Rightarrow \quad \frac{10000}{100} = 100$$

それでは x 円入れたらどうなるでしょう？

$$x\,円 \div 100\,円 = \frac{x}{100}\,枚 \qquad 100\,円玉が\,\frac{x}{100}\,枚出てくるんです。$$

つまり両替機とは x 円入れると100円玉の枚数 y が $\frac{x}{100}$ 枚出てくる

$y = \frac{x}{100}$ という「函」なんです。

このように、x というものを入れると、y になって出てくる函を函数と呼んでいるんです。

なんでも人と
比べてしまいます。

人と比べて落ち込んでしまう。
そんな自分をどうにかしたい…。
劣等感とは縁遠そうなメンバーですが
この悩みにどう答えるんですかね？

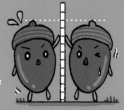

中高生の頃とか　人と比べて落ち込みませんでした？

俺　劣るところ何もなかったから

ぶーッ www

ひくわー　ほんまに

俺　マジでいろんな面で勝ってた。
だけど劣等感みたいなもんは持ってたかな

 へぇーー！

はなお　サッカーも強かったんやろ？

でも中学では俺　体格めっちゃちっこかったから……
そんで高校ではヨット部に行ったわけよ。
人が少ないし　そこなら勝てるかもしれへんって

 それ！ 今回の答えじゃないっすか!?

勝てそうな領域に行って勝負する！

 ありやな それ！

ウサギとカメ理論なんですよ これは

 ん？ どういうこと？

 カメがウサギに勝つにはどうしたらいいか？

 走りで勝負しない‼

 硬さで勝負する‼

 ｗｗｗ

 それはマジで負けへんなｗｗ

 そのためには自信が持てそうな分野を見つける！

 僕もそうでした。部活でソフトテニスやってたんですけど
高校では勝てないと悟って 勉強に行きました

 ２人ともちゃんとあきらめられたのがスゲェわ

 もう少しがんばったら芽が出るかも……って
みんな引きずってしまいますからね

 そうそう

 だから期限決めてやるって大事なのかもしれへんな

 YouTube もそうじゃないですか？
登録者１万人行かなかったらやめるとか よく聞く話です

 はなおは逆やったけどね。
１万人行ったらやめるって言って 今150万人だから！

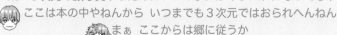 てか ３次元の顔写真やったのにいつのまにかイラストになってるやんｗｗ
ここは本の中やねんから いつまでも３次元ではおられへんねん
まぁ ここからは郷に従うか

その悩み、僕らが 数学で解決します！

 人と比べて落ち込むという悩みですが
そもそも比べないのはムリです

 1人で生きてるわけじゃないっすからね

 そう 大事なのは**人と比べて落ち込まないこと**なんです
そんで**フローチャート**をつくってみました

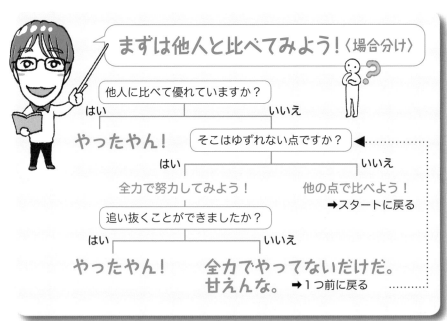

まずは他人と比べてみよう！〈場合分け〉

他人に比べて優れていますか？

はい ─ やったやん！

いいえ ─ そこはゆずれない点ですか？

はい ─ 全力で努力してみよう！

いいえ ─ 他の点で比べよう！ ➡スタートに戻る

追い抜くことができましたか？

はい ─ やったやん！

いいえ ─ 全力でやってないだけだ。甘えんな。 ➡1つ前に戻る

 なんやねん これ www

 他人と比べて優れていたら やったやん！

 でも「いいえ」の場合やばくない？

追い抜けない➡全力で努力➡甘えんなと言われる➡
けど追い抜けない➡全力で努力➡甘えんなと言われる……

ww 絶望のループやん ww

違うんですよ。途中で「ゆずれない点」じゃなくなったら
スタートに戻っていいんです

ってことは「ゆずる」と言ってしまえばいい？

そうです！ いかにゆずるかってことです。
「しがみつくな」ってことなんですよ

なるほど〜

つまり妥協に妥協を重ねる理論！

違いますよ！
自分の活躍領域を見つける理論です！

まあでも実際は妥協することも必要だよね

ですね！　実は僕も同じような理論を考えてました。
逃げるは恥だが負けじゃない理論です

逃げるは恥だが負けじゃない理論
〈解法〉

今がんばっていることをやめて、新たな自分の活動領域を
見つけることはよくあることですよね。数学でも似たこと
があります。
例えば、高校で習う曲線に
サイクロイドというもの
があります。右の図のよう
な周期的なグラフです。

理解しなくてOK！
話として聞いてね

逃げるは恥だが負けじゃない理論の続き

前ページのグラフの式を普通に $x \cdot y$ で表すと以下のように
なります。

$$\left\{ \arccos\left(1 - \frac{y}{a}\right) - \frac{x}{a} \right\}^2 + \left(1 - \frac{y}{a}\right)^2 = 1 \quad (0 \leqq x \leqq a\pi)$$

すごい複雑ですよね。僕らでも見ただけで意味不明です。
arccos とか大学で習うやつだし……。
これは直交座標っていう $x \cdot y$ を使う関数の書き方です。
でもね！ もっと違う書き方もあるんです。下を見て‼

$$\begin{cases} x = a(\theta - \sin\theta) \\ y = a(1 - \cos\theta) \end{cases}$$

さっきよりすっきりしてますよね。媒介変数の θ を使った
んですが、これでも同じ関数を書けるんです。
こんな風に数学でも、そのやり方で厳しいと思ったら妥協
して、別の表記でがんばることもあるんですよ。
これは数学だけじゃなく、なんでもそうだと思います。
**１つの道に固執するんじゃなく、いろんな道を
探すうちに自分に合ったものが見つかる、という
のが僕の理論です。**

   なるほど

 誰にでも**向き不向き**はありますからね

 # 道は１つじゃない！

 解法が１つじゃないことを 僕らは数学に教えてもらってますから

 ところで 得意な領域なんて簡単に見つかるんかな？

 それを確率で考えてみた
題して**数打ちゃ当たる理論！**

数打ちゃ当たる理論〈確率〉

自分が挑戦したいと思っている分野が 10 コあることを想定して考えてみよう。
その中に 2 コだけ自分の得意な分野がある場合、何回挑戦すると、得意な分野に出会えるのでしょう?
これを計算すると、次のようになるんだよ。

① 1 回目の挑戦で得意な分野に出会える確率は、

$$\frac{2}{10} = \frac{1}{5} \cdots 20\%$$

② 2 回以内の挑戦で得意な分野に出会える確率は、

$$\frac{8}{10} \times \frac{2}{9} = \frac{8}{45} \qquad \frac{1}{5} + \frac{8}{45} = \frac{17}{45} \cdots 約 38\%$$

③ 3 回以内の挑戦で得意な分野に出会える確率は、

$$\frac{8}{10} \times \frac{7}{9} \times \frac{2}{8} = \frac{7}{45} \qquad \frac{17}{45} + \frac{7}{45} = \frac{24}{45} \cdots 約 53\%$$

この結果から、自分が挑戦したいことをやっていくと、3 つ目までに得意なことに出会える確率は 53% になるんだ。

キミが挑戦したいことを書いてみよう!　【でんがんの例】

1 _____	2 _____	1 ピアノ	2 マラソン
3 _____	4 _____	3 クイズ	4 歌
5 _____	6 _____	5 将棋	6 塾の先生
7 _____	8 _____	7 東大模試 A 判	8 ダイビング
9 _____	10 _____	9 英会話	10 ダイエット

 10 分の 2 の確率で得意なことがあるってすごいことですけどね

 はなおはそういうタイプやけど　俺は 100 分の 1 くらいの確率やわ

 仮にそうだとしても　でんがんさん今は
得意な領域を見つけ　才能輝かしてるやん！

 めっちゃホメてくれるやんｗｗ

21

趣味でも部活でもサークルでもバイトでも
チャレンジする分野はなんでもいいと思うんだ。
俺は大学入って5つ目にYouTubeに出会ったんだ

  へぇー！

回想

1つ目は入学してすぐウィンドサーフィン部に入部した。で、2つ目はバイトの塾講クビになって。というより、生徒が少ないから辞めてくれと言われて。
3つ目も塾講で、まあこれは普通くらいだったけど、なんかしっくりこなくて辞めて。
4つ目がカラオケ店。接客業なのに俺、**滑舌悪くて、**「ありがとうございました。またお越しください」って言えへんのよ。で、小さな声でお茶を濁してたら、店長に「もっと声張れ」って注意されて。家でも練習したんだけど上手にできなくて。けっこうへんだ。
だけどそこで悟った。接客業は俺の苦手分野なんや。向いてないことはいさぎよくやめて、次行こうと思った。**そんで5番目にYouTubeと出会った**わけよ。

 ドラマチック風に言うてるけど
ようは**滑舌が悪い**って話やな www

まとめ

今回はメンバー全員が「苦手な分野に固執しない」ということで一致しました。
自分の力を伸ばしたり、才能を発揮できる分野に行くことで、自信が出て、人と比べて落ち込むことも少なくなるのではないでしょうか。
苦手を克服することももちろん大事ですが、**得意な分野を探して伸ばす**ことはもっと大切。
みなさんも必ず得意な分野に出会えるはず。そこで自信を持てれば、他人と比べることもなくなってくると思います。

sin・cos・tan って何？

数学では「比べる」ってことがとても大切だったりするんだ。

まずは中学で習う相似。「2 つの角度が等しい三角形は相似である」ってやつ。覚えてるかな。相似な 2 つの三角形の辺は、長さは等しくないけど、比率は等しい。だから右の図のように 2 つの相似な三角形があった場合、1 つの辺の長さがわかれば他の 2 辺の長さもわかるよね。①は 8　②は 10

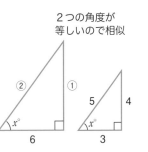

2 つの角度が
等しいので相似

高校で習う三角比はこれをちょっと進化させたものなんだ。sin（サイン）、cos（コサイン）、tan（タンジェント）って聞いたことあるかな？　簡単に説明するね。

三角形の 3 つの辺には、それぞれ次のような名前がついている。

・90 度（直角）と向かい合った辺⇒斜辺
・x 角に対して、向かい合った辺⇒対辺
・x 角に対して、隣にある辺⇒隣辺

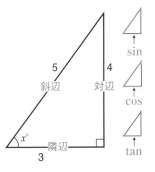

sin・cos・tan って、なんで 3 つあると思う？

三角比は上の 3 つの辺の「どれとどれを比べるか」ってことなんだ。

「斜辺と対辺」か「斜辺と隣辺」か「隣辺と対辺」か？

比べ方はこの 3 通りなんだけど、それが sin・cos・tan ってわけ。

右の図の三角比はこうなる。

$$\sin x° = \frac{対辺}{斜辺} = \frac{4}{5} \qquad \cos x° = \frac{隣辺}{斜辺} = \frac{3}{5} \qquad \tan x° = \frac{対辺}{隣辺} = \frac{4}{3}$$

三角比を使えば、ビルの高さや山の高さだって割り出せる。昔の人はこれで地球の半径や月までの距離も測ったんだよ。

悩み3 じゃんけんが弱いんです。

しょうもない悩みのように思えますが
絶対に負けられない場面ってありますよね。
だから必勝法を見つけたいんだけど、
正直見つかるかどうか…。
だって東大の入試に出るくらいの難問ですから。

 じゃんけんで勝つときのコツとか あります？

 やっぱ **気合い**でしょ

 精神論入りましたね

 そしたら１回やってみようか 俺 気合い入れるで！
最初は **じゃんけんホイッ！**

 負けた↷

 じゃんけんはね 経験なんですよ。相手の手をどう読むか！

 ｗｗそれがわかれば苦労しないやろｗｗ

 でも たしかに 人によってクセがあるよね？

 ですよね。じゃんけんは の３パターンしかない。
だからクセが出やすいんですよ。
そこでオススメしたい新しいじゃんけんがあるんです。
題して **奇数偶数じゃんけんホイ！**

キムの奇数偶数じゃんけんホイ！

やり方

- 基本的に2人で行う。
- 最初に相手と自分で奇数か偶数かを決めておく。
- じゃんけんホイ！の掛け声と同時に、各々が
  0・1・2・3・4・5のどれかを指で出す。
- 出した指の合計が奇数なら最初に奇数を選んだ人の勝ち、偶数なら最初に偶数を選んだ人の勝ち。

 1回やってみようか？　俺が奇数　キムが偶数ね

 せーの　じゃんけんホイッ！

 1＋5で合計6　偶数なので僕の勝ち！

 俺の負け ↘
けど 習慣的に を出す人が多いんやない？

仮にそうだとして 検証してみましょう

自分↘　相手↘

✊ ＋ ✊ ＝0（偶数）　　✊ ＋ ✌ ＝2（偶数）　　✊ ＋ ✋ ＝5（奇数）

✌ ＋ ✊ ＝2（偶数）　　✌ ＋ ✌ ＝4（偶数）　　✌ ＋ ✋ ＝7（奇数）

✋ ＋ ✊ ＝5（奇数）　　✋ ＋ ✌ ＝7（奇数）　　✋ ＋ ✋ ＝10（偶数）

 ✊✌✋ に限って言うなら 確率的には偶数5 奇数4
偶数が有利っすね

でも 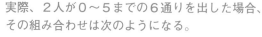 を出すとは限らないわけだから……

反論！

実際、2人が0〜5までの6通りを出した場合、その組み合わせは次のようになる。

相手＼自分	0	1	2	3	4	5
0	0 偶数	1 奇数	2 偶数	3 奇数	4 偶数	5 奇数
1	1 奇数	2 偶数	3 奇数	4 偶数	5 奇数	6 偶数
2	2 偶数	3 奇数	4 偶数	5 奇数	6 偶数	7 奇数
3	3 奇数	4 偶数	5 奇数	6 偶数	7 奇数	8 偶数
4	4 偶数	5 奇数	6 偶数	7 奇数	8 偶数	9 奇数
5	5 奇数	6 偶数	7 奇数	8 偶数	9 奇数	10 偶数

数式で表すなら $6 \times 6 = 36$ 通り。
このうち奇数は 18、偶数も 18。
確率的にはどちらも 50%！

 勝率 50％じゃ 必勝法とは言えないっすね

 このじゃんけんが確率的に有利というわけではないけど
他人がやったことないじゃんけんなら
経験値のある自分のほうが有利かと思ったんですけど……

 じゃんけんの必勝法なんて ホンマにあるのかな！？

 俺 さっき気づいたんだけど……
手を出すタイミング みんな微妙に違ってない？
たぶん 0.1 秒とかの差なんだけど

 人間の動作に誤差はつきものですからね。
オリンピック選手だってスタートで遅れます

 そう！ そこで その誤差を逆手にとり
後出しを肯定化するロジックを見つけるのよ！

その悩み、僕らが
数学で解決します！

「でんがんの超高速後出し」は、
じゃんけんの必勝法となるのか

研究者：でんがん　はなお　キム　すん

仮説

普通のじゃんけんでも、実はわずかな誤差があるのだが、たいてい
は見逃されている。
それを逆手に取り、「後出し」と認知される前のギリギリで手を出
すことができれば、相手に疑われることなく、堂々と後出しをして、
ちゃっかり勝つことができちゃうのではないだろうか。
つまり、「でんがんの超高速後出し」こそが、人類がはるか昔から
探し求めてきた
じゃんけんの必勝法〜！！！
であると、我々は推測する。
なお、この方法を成功させるには、
「最初はグー！」
のときに、✊ と ✌ と 🖐 の中間くらいの手で構えるのが
有効であると考えられる。

方法

① 1対1でじゃんけんをする
② 「じゃんけんホイッ！」のかけ声と、手を出すタイミングとの誤
　差を、ストップウォッチで計測する
③ 手を出すタイミングをいろいろ変えて、何秒以内であれば「後出
　し！」と気づかれないかを割り出す

検証 人は何秒から後出しと認知するのか？

 最初は じゃんけんホイッ！

 はなおさん 完全に後出しです

 今の 0.32 秒遅れ もっと早く出して

0.28 秒✕　0.34 秒✕　0.26 秒✕　0.24 秒✕……

こうして検証は延々とくり返された。
そしてついに我々は見つけたのである。

 最初は じゃんけんホイッ！

  キターーー！

 0.19 秒！　これが後出しと悟られない限界タイムや！

結果

相手に「おまえそれ後出しだろ！」と責められず堂々と後出しできるギリギリのタイミングは 0.19 秒である。
それよりも早く出せば相手の手を読むことはできず、
また、それよりも遅く出せば相手に「後出し！」とバレてしまう。
しかし、なかには後出ししているにもかかわらず、勝てない人もいる。はなおがその典型的な例である。

 相手が何を出すかわかっても うまく対応できひん

✊ と ✌ と 🖐 の中間くらいの手で構え、0.19秒以内に手を出せば、相手にバレることなく後出しができる。

ところが、後出しをしているのに負ける人もいることもわかった。

この件について、我々の見解は、

・全部に対応しようとするからいけない

・相手の手が「開く」か「開かない」かの2択で対応すればよい

という方向でまとまった。

これについては、以下、でんがんが解説する。

じゃんけん必勝のフローチャート
～大きく振りかぶって～

相手が ✌ か 🖐 を出すときは手が開くよね。

でも ✊ のときは握ったままやん。

つまり「開くか」「開かないか」で見極めるのよ。

で、次のような手順で手を出せば絶対に負けない！

相手の手は**開こう**としていますか？

├ はい ──────────── いいえ ┤

✌ を出しましょう　　　　　🖐 を出しましょう

├ あいこ ── 勝ち　　　　　勝ち

最初に戻る　おめでとう！　おめでとう！

相手の手が「開きそう」なら ✌ を出す。

相手の手が「開かなそう」なら 🖐 を出す。

つまり……

✌ か 🖐 を出しておけば100%負けない！

 すげえ〜

 かを出せば 100% 負けない！
これってマジ必勝法やん!?

 ところで 前ページのフローチャートのところに
〜大きく振りかぶって〜 って書いてありましたけど
なんっすかあれ？

 あー！ あれはね 相手のじゃんけんの動作が大きくなるほど
何を出すか見極めやすくなるってこと。
目の前で指だけ動かされたら 出す手は読みにくいけど
頭の上から手を動かしてきたら その途中で手を読める

 なるほど〜

 じゃんけん ってこっちがデカい声出して
大きなモーションすれば 相手もそれにつられるｗｗ

セコイ！ｗｗ

必勝法やからねｗｗ　セコくてもシビアにやらんとｗｗ

その前にこの方法 後出しで ズルやからねｗｗ

 まとめ

 負けない確率100％！ 最強のじゃんけん必勝法を導き出せたと思います。
まあ1対1の場合に限ってしまうのだけど、ちょっと練習したらできるんで、ぜひ試してみてください。
今回僕は思いついた説を、仮説→方法→検証→結果→考察と進め、「自由研究」したわけですが、こんなアホなことでも調べて結果に結びつけたら立派な研究です。みなさんも気になることがあれば、面白がって調べてみたらいいと思います。

第2章

人づきあいの
悩み

悩み4

友だちが
できません。

悩みの8割が人間関係って言われてるくらいだから、
これ解決できたらノーベル平和賞っすよww
僕ら人間関係の達人とは言えないけど、
まずは議論してみましょうか。

 人間関係って言っても いろいろあるからなぁ

 俺 高2の遠足で美術館に行ったとき
クラスに一緒に回る友だちがいなくてさ。
その空気に耐えられんくて 違うクラスの子と行動してて。
んで はなおがいないってなって 俺 捜索されたww

 www 問題児っすね

 つうか 人間関係うまくいってなかった 普通に

 優等生のでんがんさんには わからないですよね

 うーん。そやけど なんで友だち できひんかったの？

 なんでかなー!? でも 自分が問題児なんではなく
受け入れん相手に問題があるって 思ってたかもなぁ。
そうやって バリア張って生きるわけですよ。
人間って 防衛本能あるから

 自分と違う異質物は 排除しようとする。
社会の構造自体が そうですよね。
階層があって 境界もある……

こんな感じ→

けっきょく「＋」と「ー」の世界の話なんです

 あー！ 中学で習った正の数・負の数ね

数学的な優等生と問題児
〈正の数・負の数／絶対値〉

優等生は正の数の世界、問題児は負の数の世界。ゼロを境界にして、お互いに背を向けるように住んでいるんだ。

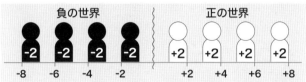

負の世界　　　　　　　　正の世界

-8　-6　-4　-2　　　+2　+4　+6　+8

レベル２の問題児が４人集まれば、

$$(-2) \times 4 = (-8)$$

の世界ができる。
また（ー３）と（ー５）の問題児がつるんで（ー８）の世界をつくった問題児たちは、優等生を取り込もうとする。ここは絶対値を使って説明したほうがいいかな。
絶対値とは、「ある点と０との距離」を表す値のことで、（ー８）なら絶対値は８、（＋２）なら絶対値は２。プラスもマイナスも関係ないんだ。

（ー８）の問題児（+２）の優等生

（ー８）の問題児と（＋２）の優等生では、絶対値は問題児が大きいよね。だから優等生が問題児に吸い込まれることがあるんだよ。悪いクラスの雰囲気に優等生が染まってしまうことがあるよね。それは絶対値のせいなんだよ。

お前も悪くなれ

絶対値 10 の集団

 なるほどー。プラス・マイナスとか絶対値とか
人間関係の悩みには 数学的な問題も絡んでるってわけですね。
でも どうしたら 友だちできるんでしょう？

その悩み、僕らが 数学で解決します！

 人間には 相性みたいなもんがあると思うんだよね。
んで 俺は こんな理論を考えてみた

ＰとＣ五分五分理論 〈場合の数①〉

学校とかでも、自分からよく話す人と、受け身の人がいる
よね。人間は極論するとこの２タイプなんだ。

Ｐ：ピッチャータイプ
Ｃ：キャッチャータイプ

Ｐは会話のボールを投げるのが得意なタイプ。
Ｃは会話のボールを受けるのが得意なタイプ。

例えば、入学式の後、知らない人に自分から話しかけてい
けるのがＰ。話しかけられるのを待つのがＣ。

ＰとＣの組み合わせは４通りあり、
それを表したのが右の表だよ。

①Ｐ－Ｐ（自分がＰ、相手もＰ）
②Ｐ－Ｃ（自分がＰ、相手はＣ）
③Ｃ－Ｐ（自分がＣ、相手はＰ）
④Ｃ－Ｃ（自分がＣ、相手もＣ）

相手＼自分	Ｐ	Ｃ
Ｐ	◎	△
Ｃ	○	×

【解説】
①Ｐ－Ｐは、会話も弾んで友だちになりやすいので◎
②Ｐ－Ｃは、自分から歩み寄ればいいので○
③Ｃ－Ｐは、相手からの歩み寄りを待つので△
④Ｃ－Ｃは、互いに待ち状態で歩み寄れないので×

◎○は友だちになれるけど △×は厳しいって感じですか？

 てことは **友だちできる確率は50％。**
それって ちょっと低すぎひん？

 そもそも 自分がCタイプの時点で友だちができないって
悲しすぎます

 でも大丈夫です！
僕 確率を上げるための方法 思いついたんで

ピッチャー化傾向理論 〈補足〉
〈場合の数②〉

人間はPとCの2タイプではなく、実は4タイプある
というのが僕の理論です。

PP：ピッチャー系の中でも特にピッチャータイプ
　➡永遠に話してる人。誰とでも話せる人

PC：ピッチャー系だけどキャッチャーにもなれるタイプ
　➡PPの話を上手に聞けるし、CCやCPに話をふれる人

CP：キャッチャー系だけどピッチャーにもなれるタイプ
　➡自分の得意なジャンルなら話せる人

CC：キャッチャー系の中でも特にキャッチャータイプ
　➡まったく話せない人

この4タイプの組み合わせは16通りあり、「友だちになりやすさ」を表したのが左の表。

数字はPの合計数。自分がPP、相手もPPの場合はPが4つなので、最も友だちになりやすい。

逆にPが0だと2人とも話せないので、友だちになるのはきついと言えます。

最高に友だちになりやすい		普通に友だちになれる		
自分＼相手	PP	PC	CP	CC
PP	4	3	3	2
PC	3	2	2	1
CP	3	2	2	1
CC	2	1	1	0

まあ、友だちになれる

なんとか、友だちになれる

きつい 6％

35

ピッチャー化傾向理論の続き

それぞれの組み合わせで、P が 1 つでもあれば、
友だちになれると僕は考えています。
どちらかが会話のボールを投げられるわけですから。

そして前ページの組み合わせで P が 0 なのは 1 組だけ。

16 組中の 1 組です。その確率は、

$$1 \div 16 \times 100 = 6\%$$

つまり、友だちになるのがきつい組み合わせは 6 ％だけ。
それ以外の **94%** は友だちになれるのです。

   なるほど〜！

 しかもその 6 ％も ゼロにできます

 どうやって？

 CC の人が CP になる努力をすればいいんです。
めっちゃキャッチャータイプの人だとしても
少しだけピッチャーになる努力をしてみる。
そうすれば 友だちができる確率は 100％に上がります！

 すごっ！

 めっちゃキャッチャーの人が めっちゃピッチャーになるんは
さすがにハードル高いけど CP なら なれそうやね

 ですね！ アニメでもゲームでも
自分の好きな話を投げればいいんですから

 なるほど！ 外的要因（共通のアニメなど）で対応するってわけね

 ww キムってさ いつもこういう理論を使ってるの？

・・・実は もう１つ 隠れ理論があるんですよ

 へえー どんな？

組織への潜入理論〈化学〉

高校の化学で習うんですが、アンモニア（NH_3）を水に溶かすと、アンモニウムイオン（NH_4^+）になります。これを応用するんです。

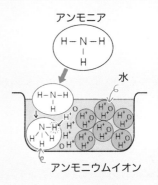

例えばクラスの中にリーダーみたいな人がいますよね？それがこの図のNなんです。

Nはアンモニアのときは手下のHを３人引きつれて動いているんですが、水に溶かすとHが１人増えるんです。なのにNもHもそれに気づかない。だから、新参者のHは知らぬ間に仲間になれるというわけです。

新参者のHは複数ある集団の中から好きなところを選んで近づいていくんですが、このときのポイントは手下のHではなくリーダーのNに近づくことです。Nと話している様子を見て、手下のHたちは「あいつは仲間なんだ」と錯覚してしまうんですよｗｗ

 ずるい！ww

 ww でも 権力者の(N)にいきなり近づくって ムズくない？

 (N)って サッカー得意とか 勉強できるとか
ちょっとハードル高めの人ですよね？

 そう！ だから最初は近くにいればいいんです。
(N)はたいていピッチャー系なんで
近くにいたら話しかけてくれるんです。
その瞬間にサッと切り込むんですよ。
「サッカーうまいね」とか「勉強すごいね」とか
ちょっとしたホメから入ります

 けっきょくは権力者に媚びるのねww

 ww 媚びるんやなくて 仲間になるんですよ。
仲間になったら 徐々に自分を出していけばいいんです

 なるほどー！

 まとめ

僕は正直、人に合わせて息苦しく生きるくらいなら、自分1人でいたほうがいいって思ってました。
でも今は楽しい仲間に出会えました。だから、コミュニティの見極めって、めちゃくちゃ大事なのかもしれません。
それには「友だちつくらなきゃ」と意気込むのではなく、「合う人とは合う、合わない人とは合わない」っていう気楽なスタンスのほうがうまくいく気がします。それでも必ず合う人はいますからね。
自分に合う人を探すためにも、まずは誰かに会話のボールを投げてみてはいかがでしょうか。

確率の話

先ほどは友だちができる確率を出してみましたが、身の回りには確率があふれています。例えばこんなケースで考えてみましょう。

あなたのクラスには 25 人の生徒がいます。このクラスの中に同じ誕生日の人がいる確率は何%でしょう？

1 年は 365 日ですから「同じ誕生日なんていないんじゃね？」と、直感的には思う人が多いかも。実際に計算してみましょう。

① 「同じ誕生日がいる」というのは「少なくとも 2 人が同じ誕生日」という風に言い換えられるので、次のような計算をします。

　　1 －（ 25 人全員が違う誕生日 ）

② 次に上の式のカッコ（ 25 人全員が違う誕生日 ）を計算します。

ⅰ）まずは A さんと B さんの誕生日が違う確率 $\dfrac{364}{365}$

ⅱ）次に C さんの誕生日が、A さんや B さんと違う確率 $\dfrac{363}{365}$

③ そして、次々と A さん以外の 24 人分をかけ算していくと、残り 24 人の誕生日が全部違う場合の割合が出てきます。
最後にそれを「1」から引けば、出来上がり！

$$1-\left(\dfrac{364}{365}\times\dfrac{363}{365}\times\dfrac{362}{365}\cdots\cdots\dfrac{341}{365}\right)=0.568\cdots\text{約 } 57\%$$

25 人全員が違う誕生日の確率
計算すると約 0.432 ＝約 43%

つまり 1 クラスの中に同じ誕生日がいる確率は 57%！
どうですか？　最初の直感とは違っていたのでは？
このように数学は直感とは違う結果を導き出してくれるのです。

悩み 5

いじめに
あってます。

STOP!!
いじめ

当人にとっては、これは本当に
深刻な問題ですからね。
いじめはよくない、ってみんなわかってるのに
なくならない。なんでなんですかね？
でも解決策は必ずあるはずです。

 まずは この数字を見てほしいんですけど

いじめの件数

平成30年の文部科学省の調査ですけど、いじめの件数は
54万3933件となり、過去最多なんだって‼ で、小学校の
いじめ件数の推移を表したのが 👉

【小学校におけるいじめ認知件数の推移】文部科学省調べ

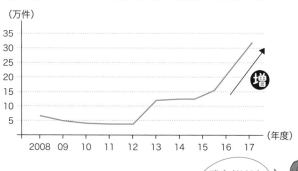

（万件）
35
30
25
20
15
10
5

増

（年度）
2008 09 10 11 12 13 14 15 16 17

残念だけど
年々増加
してますね

 認知自体が増えたってのもあるんやろうけどね

いじめってなんやろ？ けんかもいじめ？

 文科省の数字では けんかやふざけ合いも含むらしい。
でも いじめの線引きって ムズいよね

 1対1はけんか。1対多数はいじめ じゃないっすか？

 ほなら 戦国武将の戦闘ゲームもいじめか？
武将が 1000人くらいに囲まれて
ほんでもバッタバッタ倒し
てくけど……

 # いじめです！
戦国武将
いじめられてます
ｗｗ

   ｗｗｗ

 そしたら将棋もですね。
王将 囲まれて詰みますｗｗ

 やっぱり 主観なんじゃないですか？
本人が いじめられてると思ったら いじめなのでは!?

 そうとは限らないかも！
だって 僕は子どものころ いじめられてたらしいんっすよ。
けど気づかなかった。で 高校のときに親から
「あんた昔 いじめられてたやん」って言われて マジかって。
まあ 軽いいじめだったんだろうけど。。。

 小学生とかって まだ人間関係ヘタやから
絶対にいじめ あるんちゃう？
自覚してない いじめも含めて

  なんなん？ いじめって。。。

第1回
いじめってなんなん? 会議

司会：でんがん

パネリスト：はなお　キム　すん

 というわけで 第1回いじめってなんなん?会議を始めます。
先の調査でもわかるように
小学生のいじめが ダントツに多いようですけど

 小学生のときとかって どうでもいいことが
いじめの原因になったりしますよね?
例えば 声が小さいとか 容姿のこととか……

 人と違うとこ見つけて 責めてきますよね?

 高校くらいになると 違いも認めるし 関係ないやつは
構わんようになるから さすがに いじめも少なくなるけど。
けんかとかは 正直 絶対にするやん?

 けんかなら仲直りできます。でも一度「いじめ」と認知されて
被害者と加害者の関係になると 修復はほとんど不可能になる。
だから いじめって 認めたくないんですよ。
コミュニティがなくなることが怖いんです。それとプライドも
あって いじめられてると 周りの人に悟られたくない。
いじめの闇です。おそらく実際は調査以上に多いかも

 悪意のある確信犯のいじめもありますよね

 大人でも パワハラやセクハラがある。あれも一種のいじめやん?
やり方や程度の差はあるけど 力の強い側が弱い側を力ずくでど
うにかしようとする。それがいじめなのかもなあ

結論：力の強い側（人数の多い側）が弱い側に対し、横暴な力で
苦痛を与えるのがいじめ！➡大人でもいじめはある
（ｗｗ自明すぎた）

その悩み、僕らが 数学で解決します！

 極端な例で言うと、こういうこ とですよね。 4人（力の強い側）が、1 個のりんご（弱い側）を ナイフ（横暴な力）で分 けて食べました。

   りんご分けてるだけやん www

 人類みないじめっ子説です

 ww いじめの問題は そんな単純やないと思うけどww

 ですよね！ いじめっていろんな要素が絡んでますから。 暴力 暴言 仲間外れ……。さらに その原因もあるから 複雑なんですけど 何コかの要素に分ければわかりやすくなる。 これって 数学の因数分解に似てませんか？？

因数分解とは

 ある数式をかけ算のかたちに変えることが因数分解。 例えば、$x^2 - 5x + 6 = 0$ という方程式の左辺を因数分解すると、こうなります。 $(x - 2)(x - 3) = 0$ $x = 2$ または $x = 3$ のとき0となりこれを方程式の解と言う。 このように得体のしれない数式も、因数分解すると、 解を見つけやすくなるんです。 ちなみに、$6 = 2 \times 3$ のような数式も因数分解の1つで、 素因数分解と言うんですよ。

ん？ いじめも **因数分解**したらいいってこと？

 そうです！

いじめを因数分解する

いじめはさまざまな要因が絡んだ複雑な問題ですよね。
だけど、その要因を大別すると、

いじめる側＝A
いじめられる側＝B
環境（コミュニティなど）＝C

の３つになるんです。

そこで、この３つの要因 A・B・C を基にして、いじめを因数分解すると、次のような方程式になります。

いじめ ＝ $A \times B \times C = 0$

これはいじめがゼロになるってことです。
つまり A か B か C の要因のどれか１つでも０にできれば、いじめはなくなる。
それでは何を「０」にしたらいいか？
現実的には A や B を０にすることはなかなか難しい。
なので C（環境）を０にしたらいいんです。
例えばグループ内でいじめがあるならそこを抜ければいい。
これで環境は０になり、いじめはなくなります！

 なるほど〜！

 １つの環境にしがみつくことはないと思うんです。
冷静に周囲を見たら コミュニティはたくさんありますから。
僕たちが今 集まってるのも 環境を変えてきたからですし……

 ちょっと話は変わるけど。俺さ 高校のとき友だち少なかったやん？
てか 斜に構えてクラスを観察してたのよ。
そしたら いじめの構図が見えてきたんよ

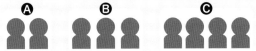

いじめの構図

いじめの本質は1対多数だから、基本的に人数の多いコミュニティのほうが、いじめは起きやすいんだよ。

例えばクラスの中に、次のような3つのグループがあったとしよう。いじめが起きやすいのはどれだと思う？

Ⓐ　　　Ⓑ　　　　Ⓒ

答え：いじめが起きやすいのはＣ

なぜならいじめはこんな構図になってるからなんだ ☞

Ⓐ

2人しかいないので
仲よくなるしかない

Ⓑ

全体として安定

Ⓒ

グループをつくり
優位に立とうとする

いじめの構図にはもう1つあるんだ。

それはターゲットが1人ではなく、コミュニティの中で移り変わるってこと。鬼ごっこのようにね（下図参照）。

でも、そんな中で、絶対に鬼にならない人もいるのよ。その人はいじめられてる子とも、いじっめ子とも親しくできる一目置かれた存在なんだ。

そんなの
いじめじゃん
やめなよ

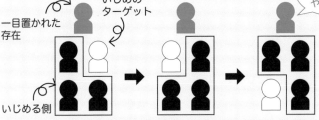

一目置かれた
存在

いじめの
ターゲット

いじめる側

＊いじめのターゲットは移り変わるが、青の人のようにいじめもせず、
　いじめられもしない人もいる

 そういう一目置かれた人と 友だちになればいいんですよ！

共通の趣味理論〈関数〉

みんなの学校にもこんな人がいたのでは？　いじめる側とも仲がいいのに絶対にいじめをしない人。

そういう人と友だちになるには共通の趣味を見つけるのが手っ取り早い、というのがこの理論なんです。

その理由を３つのグラフを使って証明します。

ⅰ）いじめ―好き曲線

相手が自分のことを好きなほど、いじめはなくなる、ということを表したグラフです。

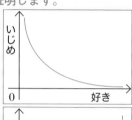

ⅱ）好き―趣味が合う曲線

趣味が合うほど、お互いが好きになる、ということを表したグラフです。

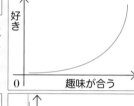

ⅲ）いじめ―趣味が合う曲線

上のⅰ）とⅱ）を組み合わせたものがこれ。趣味が合うほど、いじめはなくなるということを表しています。

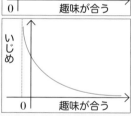

まとめ

ガマンしてそのコミュニティにいるくらいなら、そこから離れる（関係をゼロにする）というのもありだと思いますよ。

いじめられてるときって、その事象しか見えへんけど、でも道は１つじゃない。それはたしかです。

僕らもね、みんないろんな経験して、このチームに巡り合った。どこかに自分を認めてくれる仲間がいる。それは、僕らのチームが証明してると思います。

数学とか僕らの話とか

いじめについて

学校でのいじめは、僕らが子どものころから、何度も何度も問題になり、社会的にも問題視されているテーマですね。誰もがいじめられたくないと思っている。そして、いじめてはいけないとわかってるのに、なくなる気配がないどころか増えているんです。

でも、果たしていじめをしているのは子どもたちだけでしょうか？？実際はそんなことはありませんよね。大人でも、誰かを仲間外れにしたり、相手を思いやらない発言をしたり……。それが現実です。

僕は次の言葉を聞いて、感激した覚えがあります。たしかある会社の元社長さんの言葉です。

最もよく人を幸福にする人が、最もよく幸福となる。

人ってどうしても「自分が自分が」と、自分のことばかり考えがちですが、僕らはみんな、多くの人と共生しています。このため本当は、人とのつながりを抜きにして考えるわけにはいかないんです。

いじめをしてしまう人は「自分にとっての利益」しか考えていません。いじめって相手のことをまったく考えない行動だと思うんです。

でも「そんな人は、けっきょく幸せになれないのだ」ということを先の言葉は教えてくれています。

他の人に価値を与えるから感謝され、その結果幸せになるのです。

会社も同じです。自分たちの利益や儲けを1番の目的にする会社は潰れていく傾向にあります。

逆に、どういったものが世の中で必要とされているかを考え、それを提供すると業績は伸びていくと思うんです。結果として、お金も稼げるし、仕事へのやりがいも出る。つまり、世の中に多く貢献すればするほど、自分の価値を上げることにつながっているんです。

いじめなんかしてる場合ではありませんよ、みなさん！　世の中の人のためにがんばり、みんなで幸せになりましょう。

悩み 6

人前で うまく話せません。

たぶんほとんどの人は人前で話すの
苦手と思ってるんじゃないですかね。
おそらくこのメンバーたちもそう。
でもYouTubeだと話せる。不思議ですよね。

 ちなみに みんなは うまく話せますか？

 ムリでーすｗｗ

 あきらめんの 早すぎや。本気で考えてくださいｗｗ

 会話って 基本 メリハリだと思うんよ。
きょうの **ごはん** ハンバーグ 食べたいな
みたいな

 へたすぎやろ それｗｗ

 ｗｗ 俺は話へたなのよ 動画はうまくつくれるけどｗｗ
けっきょく 動画って メリハリだから

 ほぉ～！（一同大納得）

 人前で話すって 例えば100人の前で話すのと
5人の前で話すのでは 違いますよね？
話の内容も 校長先生みたいな訓話と
友だちとのおしゃべりでは違うし……

 たしかに ひとくくりでは 語られへんね

ちょっと 状況別で考えてみましょうか？
人数の多い・中くらい・少ない の３つに分けてみます

「人前で話す」３つのシーン

３つのシーンは人数の多い・中くらい・少ないによって分
けたものですが、実はそれだけでなく、話に関するさまざ
まな要素にも影響します。その一例を表したのが下の図。

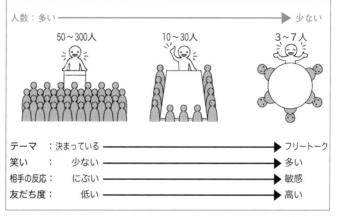

 状況を整理するだけで なんか数学っぽくなるねｗｗ

 一応 量で比較してますから。間違いなく数学です

 上の図だと 俺は 右に行くほど苦手になってくかなあ？

 50〜300人　　　　　 10〜30人　　　　　 3〜7人

左は準備系で 右はフリートーク系やん？
準備系は 何を話すかを予め決めているから 簡単なんよ。
頭にインプットしたことを 口から出すだけだから

その悩み、僕らが **数学**で解決します！

 おしゃべりって 習慣も大きくないですか？
僕 大学入って 人としゃべらなくなったら
めっちゃ噛むようになったんですよｗｗ

 ｗｗ たしかに それはあるね。
俺も高校時代 ずーっとしゃべらんくて 余計に無口になったｗｗ

 無口か おしゃべりかは 要するに**舌が回るかどうか!?**
これって 物理学なんです

 ん？？　どういうこと？

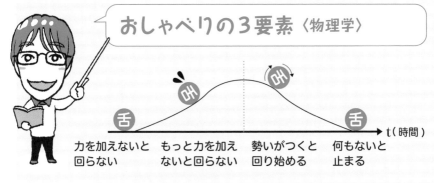

おしゃべりの3要素〈物理学〉

力を加えないと　もっと力を加え　勢いがつくと　何もないと
回らない　　　　ないと回らない　回り始める　　止まる

i) 舌は平面上にあるボールのようなもので、話す努力を
　しないと舌（ボール）は動きません。

ii) 普段から全然話さない人は舌が重くなって、話す（舌
　を動かす）には、より大きなエネルギーが必要です。

iii) でもそこでがんばって、自分から相手に話しかけるよ
　うにすると、相手も心を開いてくれて、どんどん話せ
　るようになります。ところが、そこで話すのをやめて
　しまうと、また話せなくなってしまうんです。だから
　常にしゃべり（舌を動かし）続ける努力が必要なんです。

なるほど〜

 あっ わかった！ それって **運動の3法則**っすね？

 ピンポ〜ン！ 正解！

おしゃべりの3要素の続き

運動の3法則はニュートンが唱えた説で、次の3つからなる。

第1法則：慣性の法則

物体は力を加えないと動かない
→舌（ボール）は努力しないと動かない（p.50のⅰ）

第2法則：運動の法則（F = ma）

＿＿＿ この式は「運動方程式」
と呼ばれる

重いものを動かすにはより大きな力が必要
→舌の重い人（普段話さない人）が話すには大きなエネルギー
が必要（p.50のⅱ）

第3法則：作用・反作用の法則

物体AがBを押すとBもAを同じ力で押し返す
→相手に話しかけると、相手も応じてくれるので話せるよ
うになる（p.50のⅲ）

 すげえ！マジで物理やん！

 うまく話せない人は この法則を使えばいいと思うんですよ

 ホンマやね。習慣つうか しゃべり続けることって大事やわ。
なんなら俺 誰かが止めるまで ずーっと話してるからねｗｗ

 でんがんさんは 初対面の人とも 話 盛り上がれるやん？
あれって すごい才能やわ

 才能ちゃうよ これも**数学**なんよ

 ？？？？？ 説明 お願いしまーす

51

1次関数型のおしゃべり
〈対ショップ店員、仕事の相手〉

服屋の店員さんはガンガン話しかけてくる。
「それ人気ですよ」「何をお探しですか」とか。
つまり関数の定数 a が高い人なんだ。
無口な人でも、相手が質問してくれたら会話が成立しやすい。しかも服という共通の話題があるから盛り上がる。
服屋の店員さんは仕事用の会話なので最初からずっと同じペースで話せる。これが1次関数型のおしゃべりで、左のようなグラフになるんだ。ビジネストークはたいていこんな感じでしょ。

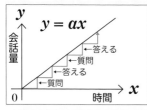

 たしかに！ 俺 服屋さんだとペラペラしゃべれる

 相手と共通の話題があると
無口な人でも しゃべれるってことですよね

 でも 初対面の友だちと話すとき 会話がすぐに終わっちゃう。
でんがんさん そこはどうなの？

2次関数のおしゃべり〈対友だち〉

初対面の人との話って難しいよね。
①お互いの共通点が不明
②相手の興味が不明
だから最初は様子見で、みんな無口になりがちなんだ。
右の2次関数のグラフの右側みたいな感じね。

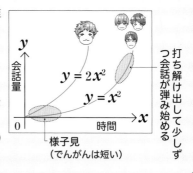

２次関数のおしゃべり〈対友だち〉の続き

でも共通点や興味がわかってくると話が弾み始めるやん？
それが２次関数型のおしゃべりなんよ。前ページの図のように原点を通る２次関数って $y = ax^2$ って書けるんだけど、その a が大きいほど急な曲線になるんだよね。
僕は $y = 2x^2$ のグラフみたいな感じで、定数 a がちょっとだけ高いから、様子見の時間が短くて話が盛り上がれる。
初対面のときは、まず出会った場所や出身から話し始めて、共通点や興味に近づけていくようにしてるんだよね。

 # 質問は重要ってことやね？

 ようは 相手との間に橋をかける みたいなことなんかな!?

 たしかに！ アニメとかゲームとか
共通の橋がかかっている人とは ベラベラ話せますからね。
でんがんさんは嵐の話になると すごい饒舌になりますしね

 友だちとのおしゃべりはわかったんですけど
大勢の人の前でしゃべるときは
やっぱり 経験も大きいんじゃないですかね。
回数を増やすことで 自信が持てるっていうか……

 # 数学の勉強と同じですね

これ！
めっちゃわかるわ〜

 # 成功体験を積む〈数学の勉強法〉

数学の問題集は薄いほどいい、と僕は思っています。
分厚い問題集と格闘して「あー！ これしか進んでない」と落ち込むより、薄い問題集をパパっとやっつけて、
「よしできた！ 次行こう!!」ってやったほうが、経験と自信がついて、学力も上がっていくんです。

大勢の人の前で話すときは 話し方も重要かもね。
ほんで オススメの理論があるんやけどｗｗ

ｗｗ なんか笑ってるけど 大丈夫かなｗｗ

「人に話す＝歌う」の方程式
〈 多変数関数 〉

熱弁中

歌の多くは A メロ→ B メロ→サビっていう展開やん？
演説とかの話も、実はこれと同じなんだ。
つまり、話にもサビをつけよってこと。

歌はサビの部分で心にグッとくる。それは情報量が多い
からなんだ。
同じ歌でも、抑揚のない歌い方だと人の心は動かないけ
ど、下のグラフのように、サビの部分で情報量を増やす
と、人の心を動かすことができるんだよ。

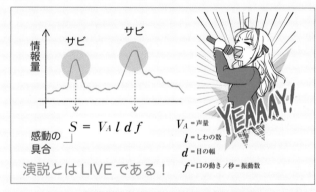

$$S = V_A \, l \, d \, f$$

演説とは LIVE である！

V_A ＝声量
l ＝しわの数
d ＝目の幅
f ＝口の動き／秒＝振動数

サビの部分の情報量を決める要素は声量だけじゃない
よ。顔全体の表情や口の振動数などいろいろある。
それが聴く人・観る人の心を揺さぶるというわけ。

それは歌だけでなく、人に話すときも同じだと思う。自
分の話を相手の心に響かせるには、話の内容もあるけど、
それよりも**声や表情や顔の動き、身振り手振り**
など、情報量を増やしてあげればいいんだ。

涼宮ハルヒ 見たことある？

編集部注：涼宮ハルヒとは「涼宮ハルヒシリーズ」（谷川流のライトノベル）を原作とするテレビアニメに登場する女子高生ヒロインである。

 アニメって 普通 顔にしわとか入らないやん？
でも ハルヒが歌うときは めっちゃ しわが入る。
口を動かす作画が細かい。そのハルヒの表情見て
僕らは感動してしまうわけよｗｗ

   ｗｗｗ

 ようは **話す内容より気持ちやと！**
一生懸命さとか 楽しさとかを 声や表情などで表せば
それが相手に伝わるってことですね？

 そう それ！
さすが でんがんさんや！

まとめ

人の前でうまく話すには、

ⅰ）しっかり準備をしましょう。
ⅱ）話す努力を欠かさずにしましょう。
ⅲ）表情豊かに伝えましょう。内容よりも気持ち！

さらに僕的には、次のことも加えておきたいです。

ⅳ）数字的な根拠を示して話したり、グラフなどで
　　見える化したりするとよい。

人に話すときに数字って概念、めっちゃ大事ですよ。
客観性が出て、説得力も増しますからね。
例えば面接などで、「陸上をすごくがんばりました」
と言うより、「陸上競技で50位から2位になりました」と言うほうが、そのスゴさが伝わります。

column
数学とか僕らの話とか

図を活用しよう

僕ら理系人間にとって、「図」は無くてはならないものですが、そもそも図には、視覚的な理解を助け、頭を整理してくれる力があります。だから、頭が混乱したときには紙とペンを用意して情報を書き出してみるんです。すると、ごちゃついていた情報が整理され、解決の糸口が見えてくることがよくあるんです。

しかし、一口に図といっても、さまざまな種類があって、どんなときにどんな図を使ったらいいのか迷ってしまいますよね。

例えば、下の2つの表を図で表す場合、それぞれどんな図を用いたらよいと思いますか？

表1　はなおでんがんが 2015 年～ 2020 年にかけて食べたたこ焼きの数の推移

	2015年	2016年	2017年	2018年	2019年	2020年
食べたたこ焼きの数	250	100	500	420	150	1000

表2　食べたたこ焼きの種類とその割合

たこ焼きの種類	食べた割合
基本のたこ焼き	73%
ネギマヨたこ焼き	15%
明太子マヨたこ焼き	10%
激辛たこ焼き	2 %

棒グラフ？ 折れ線グラフ？ 円グラフ？…どんな図を使ったらいいかわからない場合は右のようなチェック項目が役立ちます。何を表したいかで、用いる図は変わります。もちろん図の様式はこれだけではなく多種多様。もっと言えば決まりはないのです。

数学の問題を解くときだけでなく、普段の生活の中でも図が役立つ場面って、けっこうあるんですよ。ぜひ、活用してくださいね！

ちなみに、上のたこやきの表は、表1は折れ線グラフ、表2は円グラフにするのが正解です。

check point 1
全体のうちの割合を見たい

Yes　　　No

円グラフ

check point 2
変化を見たい
比較をしたい

比較　　　変化

棒グラフ　　折れ線グラフ

第3章

恋とか愛とかの
悩み

悩み 7

恋人が
欲しいんです。

はい、こちらも定番の悩みですね。
正直、小・中学生や高校生には恋人なんて
まだ早いと僕は思うのですが、どうしても欲しい
というのであれば、お答えしましょう。
それでは議論スタート！

 むしろ僕らが教えてほしい議題ですね

   ほんまそれな

 てか そもそも彼氏彼女できないって言ってるけど
みんな告白とか ちゃんとしたことあるんかな？

 そうですよ！ そんなの旅人算で忘れ物したAくんが
忘れ物したことに気づいたのに
めんどくさいからって言って引き返すのやめてそもそも
問題にならないのと同じですよ！！！

   ・・・・・・

 ん？？

 すみません 数学科出ちゃいました

 まぁ それはおいといて キムは告ったことあんの？

 無いっす。

僕 すごい理論思いつきました。
ブラックホール引き寄せ理論

恋の引き寄せ理論 〈物理〉

万有引力の法則はニュートンが見つけたもので、質量が
大きくなるほど、あるいは物体同士の距離が近づくほど
強く引き合うというものです。

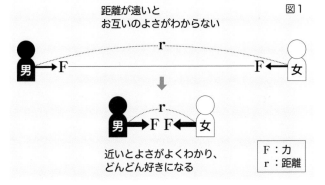

距離が遠いと
お互いのよさがわからない

図1

男→F ————— r ————— F←女

↓

男→F r F←女

近いとよさがよくわかり、
どんどん好きになる

F：力
r：距離

恋もこれと同じです。
①2人の距離が近づけば恋に落ちやすくなる（図1）。
②質量が大きいほど恋に落ちやすくなる（図2）。

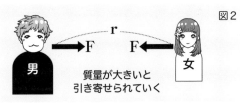

図2

男 →F r F← 女

質量が大きいと
引き寄せられていく

➡質量大きいでんがんさんはモテる！

 単なるネタやん！www

その悩み、僕らが
数学で解決します！

 理論としては面白いけど 現実味は薄いっすね

 そこで俺は 現実的なのを考えてみたんだ

打率理論！〈百分率〉

彼氏彼女をつくるための最も手っ取り早い方法は、**自分から告白する**こと。でも多くの人は「フラれるのがこわい」「傷つきたくない」と告白できずにいる。
そこでオススメしたいのが打率理論だ。
2人の高校生で説明してみよう。

A君

これまで
3人に告白。
交際経験1回

B君

これまで
5人に告白。
交際経験3回

■2人がフラれた数は？

A君：3 － 1 ＝ 2回
B君：5 － 3 ＝ 2回

A君もB君もフラれた回数は同じく2回で、ダメージは同じ。

■2人の成功確率（百分率）は？

A君：1 ÷ 3 × 100 ＝ 33.33％
B君：3 ÷ 5 × 100 ＝ 66.67％

A君、B君とも同じく「ダメージ2」なのに、成功確率（打率）は圧倒的にB君のほうが高いんだ。失敗回数が同じなら、いっぱいトライしたほうが確率は上がるんだよ。

 なるほど～

 でも　５回告って３回成功って　それは打率　高すぎっすｗｗ

 ｗｗ　たしかにな。だけど　ここで俺が言いたいのは
告白しなきゃ何も始まらないってことなんだ

 それは　ホンマそうやな

 １回告白してフラれたら　打率（成功確率）はゼロ。
２回目もダメなら　打率はゼロのまま。
ここでやめたら　永遠に打率はゼロのままやけど
３回目にＯＫなら　打率は一気に　３割３分３厘まで上がる！

 それなら　なんか行けそうっすね

 あっ！　今僕　でんがんさんの打率を
さらに上げる秘策　思いつきました！

妥協理論〈比例・反比例〉

ぶっちゃけ、本当に彼女が欲しいなら理想を下げることも大
事！って理論なんですけど、これを使えば確実に彼女ができ
ます。
右のグラフを見ながら、
説明を聞いてください。

告白の１回目は理想度 100％
の高嶺の花子さんにします。
そしてフラれたら、理想度を
1/2 に下げていきます。
２回目の告白の相手は、理
想度 50％、３回目は 25％、
４回目は 12.5％、５回目は
6.25％となります。

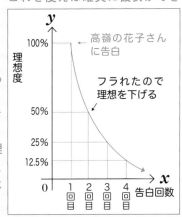

キムの妥協理論の続き

そして右のグラフは、
理想度と女子の人数の
関係を表したものです。

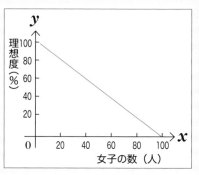

女性が 100 人いるとし
て、100％理想に近い人
は、おそらく 1～2 人。
でも逆に、理想度 0（誰
でもよい）なら 100 人
全員が対象になります。

前ページのグラフと重ねてもらうとわかりますが、
告白回数が増えるほど恋愛対象の人数も増える。
この結果、**彼氏や彼女ができやすくなります。**

 ようは 理想を落とせってことよね？ｗｗ

 ｗｗ ですね！ でも彼氏や彼女が本当に欲しいなら
妥協を重ねるほど恋愛対象は増えて 確率は高まるんです

 たしかにこの理論 わりと現実的なカップルの本質を
ついてる気がするｗｗ

 白馬の王子さまなんて そうそういませんからね

 まさに 世の中甘くないを体現した理論。。。
世知辛いねぇ

 でも 妥協しないで 理想高めで挑む場合
成功率を高める方法なんてないよね！？

 それがね あるんだよ。
俺の **1 週間前理論！**っていうのが

でんがんの1週間前理論〈ベクトルの和〉

この理論は、ちょっと理想高めの女子に告白する場合、第3者の力を借りると成功率が高まるというものなんだ。

理想高めの相手にいきなり「好きです。付き合ってください」って言ったらどうなる？　おそらくびっくりして「えっ！　困ります。ムリです私……ごめんなさい」ってなるよね。そこで友だちに協力してもらい、告白する1週間前くらいから「でんがんがキミのこと好きらしいで」と、においわせておくんだ。すると「えっ♥　でんがん私のこと好きなの？」と心の準備ができ、OKをもらいやすくなるというわけ。

これは数学のベクトルの和と同じ考え方なんだ。

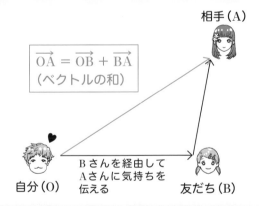

相手（A）

$$\overrightarrow{OA} = \overrightarrow{OB} + \overrightarrow{BA}$$
（ベクトルの和）

自分（O）　　Bさんを経由して
Aさんに気持ちを
伝える　　友だち（B）

ベクトルの和は、OからAに行く場合、Bを経由して行っても同じというもの。それを数式にすると、上の青囲みのような表記になるんだ。

理想の女子（A）に告白する場合、他の子（B）を利用して気持ちを伝えてもらうのよ。

   なるほどー！

 これって恋愛だけやなく人間関係に共通して使える理論やん⁉

ついでに僕も1つ いいですか？

   どうぞどうぞ！

恋愛とは慣性の法則である！

51ページでも話に出た「運動の第1法則」を使うんです。どんな物体も外から力を加えられない限り「静止している物体は静止を続ける」というものです。そしてこの法則にはさらに「運動している物体は等速直線運動を続ける」という続きがあるんです。

恋愛もこれに似ていると思いませんか？

 たしかにな。動かないと始まらん。
恋愛体質の人は ずっと恋してる

 大学時代 俺のひと言で付き合い始めた2人がいて
そいつら結婚まで行った。恋を動かしたんよ

 マジっすか？　恋のキューピットなんですね 大きめのｗｗ

 大きめのはいらんねんｗｗ

 まとめ

テレビのドラマでも小説でも、恋愛は永遠不変のテーマです。それだけ多くの人が恋愛に悩んでいるということなのでしょう。
僕らもね、そりゃありますよ、いろいろとね、お年ごろなんでｗｗ
ここではあえて言いませんけど。
今回は妥協理論や1週間前理論などが出ましたが、そのすべてに共通して言えるのがこれ。
恋に対して動かなければゼロのままということ。
そのことはぜひ心に留めておくとよいと思います。

数学とか僕らの話とか

ベクトルの話

でんがんの「1週間前理論」はベクトルの話でした。ベクトルはわかりにくい反面、うまく使いこなせば非常に便利なものです。

というのも、ベクトルというのは大きさと向きという2つの概念を同時に扱うことができるからです。

僕らが生きる上で、この「向き」というのは、とても大事なものだと僕は思っています。

例えば、つな引きを考えてみましょう。

クラス対抗のつな引き、30対30の総力戦です。

お互いに全力で引っぱりますが、つなはなかなか動きません。

でも、つな引きが終わった後、あなたが1人でつなを引っぱってみると、つなは簡単に動きます。

60人の力で引っぱって動かなかったつなが、なぜ1人の力で簡単に動くのでしょうか？

もちろんそれは、30人が逆方向に引っぱり合っているからですね。

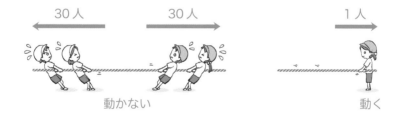

この事例からわかるのは、ただ大きな力を持っているだけではダメで、それを目的の方向へ向けることが大事ということ。

彼女が欲しい人も、ガムシャラにがんばるのではなくて、意中の相手へ努力の方向を向けてアプローチしてみてはどうでしょうか。

意外と小さな努力で手が届くかもしれませんよ？

 悩み **8**

恋する気持ちが わかりません。

 好きな人ができない…という悩みですけど、
どうしてなんですかね？
この4人も恋愛上手とは言えないけど、
逆におもしろい解決策が見つかるかも。
では始めましょう。

 みなさんは 恋してますか？

   ‥‥‥‥

 してへんの？

   ‥‥‥‥

 ノリ悪いなあ

 つうか 話さないよね この年になると

 まあ そうかもね。
じゃあみなさん 男女問わず 好きな人はいるんですね？

   はいっ！

 よかったわｗｗ ちょっと安心した

 でも 人を好きになれないって なんでやろ？

 単純に 好みの人が現れてないって説 ないですか？

 それはあるかもな

66

恋愛対象が周囲にいない説

誰のことも好きになれないのではなく、単に好みの異性が周囲にいないだけなのかも。
単純に恋愛のコミュニティを広げてみるだけでも、好きな人ができる確率は高まると思います。

 なるほどな。すんはどう思う？

恋愛後回し説

恋愛よりも他のことで満足してるのかもしれません。
例えば部活に夢中とか受験勉強の最中とか……。仕事が忙しくて恋愛どころじゃないって話も、よく聞きますからね。心の問題ではなく、物理的に「人を好きになる時間がない」のなら、まったく悩む必要はないと思います。

 たしかに その通りやな

 もう1つ これは僕の話なんですけど

時間かかる説

僕は、人を好きになるのに時間がかかるタイプです。同じ空間にいて、時間を共有する中で、少しずつ好きになっていきます。そしてしきい値Aを超えると、「好き」に気づくんです。

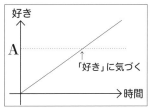

好き

A

「好き」に気づく

時間

 それ！　俺もおんなじタイプだわ

その悩み、僕らが
数学で解決します！

 キムや俺みたいに 恋に時間がかかるタイプは
その時間を短縮できひんのかな？

 脳科学の本で読んだんですけど……
相手に優しくすると 好きになっちゃうらしいです

 ん？ 自分が好きになるの？

 そうです。人間の脳はアホで「なんで僕はこの子に優しくしてるん
だろう？」って理由を探した結果「そうか！ 僕はこの子に恋をし
てるんだ」ってカン違いするらしいんですよ

 なるほどな

 そこから生まれたのが 僕の理論です

誰彼構わず優しくして恋する理論
〈2次関数と指数関数〉

同じコミュニティの中で気になる女性を選び、めちゃくちゃ
優しくします。
すると最初は全然好きじゃないんですけど、あるとき「好
きだ」となり、その後、加速度的に好きになっていくんです。
これを表したのが、次ページの指数関数のグラフです。
中3の数学で習うんですけど、$y = x^2$ という数式があります
すよね。これは2次関数と言います。
x の右上に小さな2がついてるやつですね。
これに対して指数関数は x が右上に小さくつきます。
例えば次ページのグラフの $y = 2^x$ は指数関数です。
指数関数は一般に、$y = a^x$ と表します。

68

誰彼構わず優しくして恋する理論の続き

指数関数の特徴は、右のグラフの青い曲線のように、あるときから急上昇することです。
$y = x^2$ に比べて上昇が速いんです！
恋愛はこうした関数と同じです。優しくし続けてるうちに、少しず

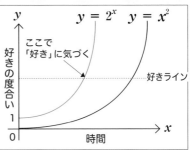

つ好きの度合い（y）が上昇していき、好きラインに到達した時点で「好き」と自覚する。その後は急上昇し、どんどん好きになります。

  なるほど〜

 でも男の場合 優しくしても好きになる 優しくされても好きになる

 どういうこと？

 男って優しくされたらすぐに好きになるでしょ？
グラフが一気に急上昇しますよね。指数関数みたいなもんです

 間違いない！ 優しくされたら瞬殺だよね？

 モテない男ほど舞い上がる！

 なので 男子諸君は
急に優しくしてくる女子には気を付けましょうｗｗ

   うい！

 僕の考えた説も 基本的にはキムさんと同じです

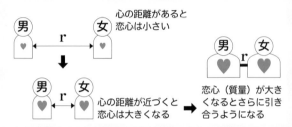

恋は万有引力説〈物理〉

再び物理の万有引力の法則を使います（→ p.59）。
2つの物体には引き合う力があり、それは近づくほど強くなる。また質量が大きいほど強くなります。
59ページでは「距離」と「質量」を物理的なものとして説明したんですが、実はこの距離と質量を心理的なものととらえると、さらに納得できる理論になるんです。

心の距離があると
恋心は小さい

心の距離が近づくと
恋心は大きくなる

恋心（質量）が大きくなるとさらに引き合うようになる

2人の心理的な距離（r）が近づいてくると、急に恋愛に発展します。また「恋愛したい」という想いが強かったり、恋心が育ってきたりすると、引き合う力は強力になります。
みなさんも恋心を育てることを大切にしましょう。

すげえ！

惹かれ合い始めると　もう自分でも止められません

それが恋というもんよ

ｗｗ　なんなん　キミら？　急に恋愛マスターみたいになってｗｗ

でもホント　自分の恋する気持ちなんて　説明できないっすよね

はいはい。話を数学に戻すよ。
恋が説明できないってのは解の公式と一緒なんよ

恋は5次方程式〈方程式〉

数学は見えない数量を探す学問とも言えるんだ。
方程式はその便利なツールの1つです。例えばこれ。

【2次方程式】
$$ax^2 + bx + c = 0$$

【2次方程式】の解の公式
$$x = \frac{-b \pm \sqrt{b^2 - 4ac}}{2a}$$

この解の公式には、3次方程式や4次方程式もあるんだ。
でも実は**5次方程式の解の公式はない**。それは、複
雑すぎて解けないからなんだよね。
恋愛もこれと同じ。あまりにも複雑すぎて、公式で解くこ
とは不可能なんだ。だから恋愛に関しては公式（マニュアル）
はなくて、自分と相手の複雑な気持ちを1つずつ地道に解
いていくしかないんやないかな。

 数学も万能じゃない！ 恋は数学では解けないと!?

 いや そんなことはな〜い！

 はなおさん 解けるんっすか 恋する気持ち？

 解けるで

 おっ！

 題して**恋するバス・ロマン**！めざせ虹色の温泉！！

 ・・・・・・

 映画っすか？ｗｗ

 ｗｗ まあ聞いてみましょうか！

恋するバス・ロマン！
めざせ虹色の温泉！！〈関数〉

蛇口から注がれた「恋の水」が浴槽に溜まり、それがあふれたときに恋が発動するという理論。
恋の蛇口は複数あり、それぞれ違った色の水が出るんだ。
例えばこんな感じ👇

A：会話をした（赤色）
B：助けてもらった（水色）
C：接触した（黄色）
D：楽しかった（紫色）
E：顔が好き（緑色）

AとC：自分から蛇口をひねらないと出ない
BとD：たまに蛇口がひらく
　　E：蛇口は開きっぱなし

つまり、常時水が出てるのはEだけだから、なかなか水が溜まらないんだ。恋ができない人というのはこういう状態。
だから恋をしたいなら、早く水が溜まるように自分から行動を起こして他の蛇口も開かないといけないんだ。
そして水があふれたときに「これが恋なの!?」と気づくんだけど、いろんな色の水が混じってるから、自分の気持ちをうまく表現できないんだよね。

まとめ

恋する気持ちがわからないと悩む人も、自分では気づかないだけで、密かに恋の気持ちは育っているかもしれません。
そしてある日突然、恋の炎が燃え盛る！
そのためにもまずは行動を起こしてみましょう。
みなさん、素敵な恋をしてください。

恋は方程式？
それとも恒等式？

突然ですが、等式には2つの種類があることを知っていますか？
「方程式」と「恒等式」です。その違いを簡単に言うとこうなります。

方程式：ある数を x に入れると成り立つ式

例）$2x + 2 = 4$

＊x に1を代入したら成り立つが、2や他の数字を代入すると成り立たない。

恒等式：どんな数を x に入れても成り立つ式

例）$2(x + 1) = 2x + 2$

＊x に1、2、3…など何を代入しても式が成り立つ。

ちょっと強引だけど、恋を数学にたとえるなら、誰でもいい恒等式ではなくonly youでしか成り立たない方程式と言えるのではないでしょうか。それくらい恋愛って人それぞれですよね。

ただし！　恋の方程式にはこんな落とし穴があります。それは例えば $x^2 + 7x + 9 = x + 1$　のような方程式です。
いっしょに解いてみましょう。

$$x^2 + 7x + 9 = x + 1$$
$$x^2 + 6x + 8 = 0$$
$$(x + 2)(x + 4) = 0$$

（答え）$x = -2, -4$

答え2つ
出てきちゃった

あらら。only you ではなくなってしまいましたね。
これを恋愛にたとえると、彼（彼女）の心の中には別の誰かも存在する可能性がある、ということでしょうか。
いやはや……恋の方程式、けっこうリアルですな（汗）

性欲が
おさえられません。

この悩み、本に書けないような
議論が飛び交う危険がありますね ww
どんな話が出てくるんでしょうか?
とりあえず話してみましょうか。

R15 指定?

OH!!

 この悩みの持ち主は 中学生くらいの男子かな?

 高校生も じゃないっすか?

 みんなはこの問題で悩んだことありますか?

   ・・・・・・

 てか 性欲は誰にでもあるよね。でも 悩んでる人は
自分だけに性欲があると思ってるんちゃう?

 かもね。だとしたら俺は言ってあげたい。
大丈夫! それは当然の欲求だよ!! と

 人類はそうやって子孫を残し 永続してきたんですから

 人間だけじゃなく 他の動物もね。
性欲つうか 本能なんでしょうけど

 俺らもしょせん動物やん。
動物の中に人間が含まれるのよ

人間⊂動物 絵で表すとこう→

↖ 部分集合の記号

でも 人間は他の動物と違って 性欲のままに生きられない。
だから悩むんです

 ホンマそれやね

 僕 思うんですけど……
性欲って 精子に支配されてるんじゃないですかね？

 それな

 テレビで見たんですけど…… 精子は3日くらいで
Maxになって その後 分解されるそうです

 悲しいっすね。。。

 ね！ 3日で分解されるんなら その前に
外に飛び出したいって 僕が精子なら思います

 そう！ 出してくれ〜〜〜って暴れる。
で 俺たちはそれに引きずられる!?
ようは ど根性ガエルみないなもんなんよ？ｗｗ

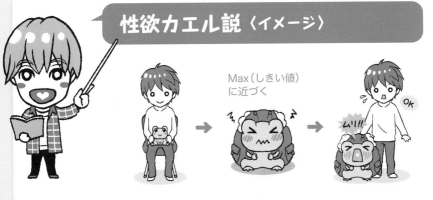

性欲カエル説〈イメージ〉

Max（しきい値）
に近づく

OK

ムリ!!

ど根性ガエルが主人公の少年を振り回すように、精子にも
「意思」があり、それが性的な行動を誘発する。
これが性欲の仕組みなんよ。

その悩み、僕らが数学で解決します！

 はなおさんの説 数学ですかぁ!?ｗｗ

 しきい値を使ってるんで ギリ数学っすかね

 でも 俺が言いたかったのは
性欲に対して罪の意識は持たなくてもいいよってことだから

 性欲自体は罪じゃない。けど犯罪や人に迷惑をかけることは罪！

 それ！

 そこで 僕としては**性欲ルーティン理論**を
提案したいんですけど。。。

 ｗｗ 大丈夫かな？ｗｗ

性欲ルーティン理論〈毎日の計画〉

朝起きて→学校行って→授業受けて→部活やって→帰って
くるって学生のルーティンですよね？
そこにカエルの散歩（性欲発散運動）も組み込むんです。
ルーティンなので、性欲がなくても毎日、必ず行います。
すると性欲のスイッチがオフ状態になるだけでなく、性欲
に対する罪悪感も消えていくんです。

起床 → 朝食 → 身支度 → 登校 → 授業 → 部活 → 下校 → 夕食 → カエルの散歩（性欲発散運動） → 入浴 → YouTube見る → 就寝

ｗｗ　アホすぎますｗｗ

 ｗｗ　けど　カエルが暴れないようおさえるには
一理あるかもしれへんよ。ちなみに　でんがんさんは浪人時代
どんなルーティン生活を送ってたの？

でんがんの浪人時代のルーティン例

7:00	9:00	12:00	13:00	16:00	20:30	21:30	22:00	23:30	24:00
起床 →	予備校で授業 →	昼食 →	予備校で授業 →	自習（予習復習） →	予備校出る →	帰宅 →	テレビなど自由 →	今日は何を学んだ？とベッドで考える →	就寝 ♥

80 ページのコラムで詳しく書きます

 ｗｗ　マジメやん!?　禁欲的つうか　つまらんつうかｗｗ

 ｗｗ　浪人生やからね。頭に入れること多すぎてな

 集中するためには規則的なルーティンが必要なんですよ。
イチロー選手とかも　ルーティン大事にしてましたしね

有理数と無理数の話

ここで質問！
次の２つの数字のうち、規則的（よりルーティン的）なのは
どっちだと思う？

①3.156156156…
②3.14159265…

答えは YouTube で。
うそうそ、答えは次ページで！

有理数と無理数の話の続き

答え！
規則的　① 3.156156156…
不規則的　② 3.14159265…

そう。3.156156156…のほうが規則的だよね。

①は小数点以下で156がくり返されるので規則的。
このような数字を循環小数と言うんだ。
また、これは分数でも表すことができるので**有理数**とも
呼ばれているんだ。

$\frac{1}{3}$　→　有理数

$3 = \frac{3}{1}$　→　有理数　　　整数も分数で表せるからね

$0.3 = \frac{3}{10}$　→　有理数

$3.156156\cdots = \frac{1051}{333}$　→　有理数

いっぽう、②の3.14159265…のように、不規則な小数は分
数で表すことができないので**無理数**と呼ばれているんだ。
学校で習う有理数と無理数って実はこういうことなんだよ。
だから何？　って話なんだけどｗｗ
生活も有理数のようにしたら？ というのが僕の考え。

3.1 5 6 1 5 6 1 5 6 1 5 6…
　↑ ↑ ↑ ↑ ↑ ↑ ↑ ↑ ↑ ↑ ↑
　食 寝 起 食 寝 起 食 寝 起 食 寝 起
　べ て き べ て き べ て き べ て き
　て 　 る て 　 る て 　 る て 　 る

ね！　規則的な生活になるでしょｗｗ　安定するんですよ。
逆に3.14159265…みたいな無理数だと1の次に4がきたり
5がきたり、突然9が現れたりして次の予測ができないよ
ね。だから行き当たりばったりの生活になっちゃうんだ。
有理数的な生活と無理数的な生活、どっちがいいと思う？
有理数のほうが健康的って僕は思うんだよね。

 なるほどー

 でも 食べて→寝て→起きるって生活は明らかに不健康です

 www   www

 だからこれは例えばの話やてｗｗ

 まあでも ルーティンが心を安定させることはたしかだよね

 受験勉強とかも 焦って徹夜しても効率上がりませんからね。
生活サイクルを決めて時間割を組み 確実に課題を克服していく。
このほうが点数は伸びると思います 僕の経験から言っても

 食べて→寝て→起きるの生活サイクルじゃダメですけどｗｗ

 ホンマそれは間違いないわｗｗ

 まとめ

 誰にでも多かれ少なかれ性欲はあります。
これは DNA（遺伝子）に組み込まれたものでしょう。
ご先祖さまたちに性欲があったからこそ、僕らも、
そしてみなさんも、今ここに存在できてるんです。
そう思えば、むしろ性欲に感謝したいほどですｗｗ
でもね！ 人間は自分の意志で性欲をコントロールし
なくてはいけません。この点が他の動物と違うとこ
ろですね。
そこで有理数のような規則的な生活です。ルーティ
ンは心身を安定させ、集中力を高めます。
試験などにも好影響をもたらすことは、僕らが経験
的に証明しています。
カエルが暴走したり、逆におさえ込みすぎてストレ
スフルにならぬよう、適度なお散歩を心がけてはい
かがでしょう。

でんがんの浪人時代

77 ページで、はなおにムチャぶりされ、僕の浪人時代のライフルーティンを軽〜くですが紹介しました（こういうのってけっこう恥ずかしいんですよ）。

でもせっかくなので、もう少し詳しくお話しさせていただきます。

7:00	9:00	12:00	13:00	16:00	20:30	21:30	22:00	23:30	24:00
起床 →	予備校で授業 →	昼食 →	予備校で授業 →	自習（予習復習）→	予備校出る →	帰宅 →	テレビなど自由 →	今日は何を学んだ？とベッドで考える →	就寝♥

このルーティンのポイントは、22 時から意図的に「テレビなど自由」という娯楽時間を設けたことです。

みなさんはこんな経験はありませんか？

何かに集中して取り組み、疲れたので休憩をした。5 分くらい休むつもりだったのに、気づいたら 30 分が経過していた……。

ルーティンはこういう事態を避けるためには、とても有効です。

この 22:00〜23:30 は、いったん勉強のことは忘れて、思う存分楽しみます（特に僕の場合、嵐の番組は絶対に見てました）。

でも 23:30 には必ずベッドに入ります。そして脳みその中で軽く「今日、何学んだっけなぁ」とか「明日はこれやろう」などと考えるんです。なんとなくの振り返りですね。

これを毎日することで、今すべきことを忘れずに済むわけです。

浪人生でんがんの 1 日はこうして終わります。一定のリズムで 1 日を過ごすことで勉強の効率も上がり、無事、大阪大学に合格できたのでした。

みなさんも集中的に何かに取り組むときは、「休憩をルーティンに組み込む」を試してみてはいかがでしょう。

第4章

自分を変えたい悩み

学校に行きたくない。

大人たちはみんな、学校に行けと言うけど、
本当に行く意味はあるのか？
そんな疑問を持つキミたちの思いはよくわかるよ。
だから僕らもマジで議論してみます。

学校 行かなくていいんですよ 行きたくないなら。
部活したいとか 友だちと話すとか 勉強が楽しいとか
そういう楽しみがあるなら学校に行けばいいし
なんにもなくて行きたくないなら 行かなくていい。
それが僕の答えです

ww 議論終了っすね ww

数学1ミリも入ってないやん www

いや 数学なんですよ これ。
例えば右の図のようにA地点→B
地点までのルートは１つじゃな
く いくつかありますよね？
数学では この最短経路を求める
のに順列を使いました

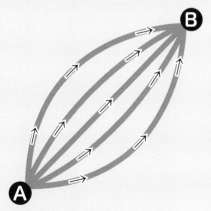

ん？？
順列はわかるけど それと学校
の話がどう関係あんの？

人生にも 目的地への行き方は何通りもあるってことです。
学校を経由する生き方もあるし 行かない生き方もある

なるほどね！ ちなみに俺は**学校肯定派**なんよ。
学校はめちゃくちゃ意味のある場だと思ってる

 俺もそう！
学校は *ルイーダの酒場*みたいなもんだから

 はぁ？ ルイーダの酒場？？？

ルイーダの酒場理論〈多変数関数〉

 ルイーダの酒場は「ドラゴンクエスト」シリーズに登場する店で、ここで他のキャラを仲間にすることができるんだ。学校にも多くの個性的なやつが集まっていて、自分次第でいろんな仲間ができるよね。言うなれば「ルイーダの酒場」みたいなもんなんだよ。

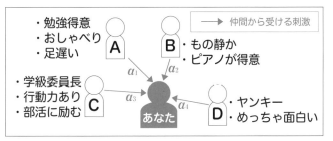

みんなも音楽やってる人の話を聞いて楽器に興味持ったり、部活がんばってる人を見て励まされたりするよね。仲間から受ける刺激がキミの魅力にもなるんだ。
どんな人にも必ず元々の魅力があり、その大きさを仮に x としよう。人に会わないと魅力は x のまま変わらないけど、仲間から刺激を受けることでプラスされていくんだ。
これを数式で表すと次のようになる。

$$y = x + a_1 + a_2 + a_3 + a_4 + \cdots$$

元々の
あなたの魅力

学校の仲間からの
刺激で得られる魅力

その悩み、僕らが 数学で解決します！

ルイーダの酒場理論の続き

つまりキミの魅力（y）は元々の生まれつきのもの（x）に加えて、出会った人からの刺激で開花するんだ。
そして、前ページの数式の$a_1 + a_2 + a_3 + a_4 + \cdots$の部分こそが、**学校に行く意味**だと僕は思ってる。
より多くの人や、より強い刺激を受けてキミは魅力的になる。もちろんキミも仲間に刺激を与えてるんだけどね。

**学校に行く意味＝
　　仲間と刺激し合い魅力を高め合う**

学校にはイヤな人もいるよね。ダサい人もいる。でも、それさえも「あんな風になっちゃダメだ」っていう魅力を高めるパラメーターの1つになるんじゃないかな。

 なるほど〜！

 でも基本 学校は学問を教わる場ですけどねｗｗ

 まあそうやねｗｗ
それと学校では ルールとか生活習慣も 知らんうちに身につく。
だから数式はこうなるんやない？

$$y = x + (a_1 + a_2 + \cdots) + (b_1 + b_2 + \cdots) + (c_1 + c_2 + \cdots)$$
　　　　　　　友だち　　　　　　　授業　　　　　　ルールや生活習慣

 たしかに！ 学校にはいろんな要素があるからね

 でも 闇の部分があることも事実です。
だからやっぱり僕は 本当にイヤなら行かなくていいと思う

 まあそれは間違いないね

学校行って知識を得ると　人生に笑いが増えます

 ん？　どういうこと？

 はなおさんも　でんがんさんも
よく高校の理数系のネタを言いますよね？

 まあそうやね

 もし僕に知識がなかったら　その面白さに気づかない。
勉強して知識を得たから笑えるんですよ

 なるほど〜！

 学校行って知識を得ると　いろんな人と話が弾んだり
面白いことを面白いと思えるようになるってことやね？

そうです！
だから毎日がより楽しく豊かになる！
おまけに僕らの YouTube も楽しめますｗｗ

僕らのYouTube 見たくなる説
〈フローチャート〉

高校に行き、数学を勉強する

はなおでんがんチャンネルの動画を見たくなる

はなおでんがんチャンネルの動画で笑える

数学の授業で「これ、はなおでんがんチャンネルでやってたやつや。こういうことやったんか！」と納得する

数学をもっと勉強したくなる

 はなおでんがんチャンネルが
ますます好きになる

知識量が爆発的に増えていく

  ｗｗｗ
ｗｗｗ   完全に宣伝やん

 でも たしかに知識は財産よな。
モノは紛失したり消耗したりするけど 知識は無くならないからね

 理系の勉強ネタでもう１つ。
僕の**特性 X 線理論**も披露していいっすか？

 なんか むずそうやねｗｗ

理解しなくてOK！
話として聞いてね

すんの特性X線理論〈化学〉

病院のレントゲンって撮ったことありますか？ X線という波（電磁波）を使って体の中を撮影してるんですけど、X線には**連続X線**と**特性X線**の2種類あるんです。

物質に電子を当てると、そこからX線という光を出すんですが、中にはピョンとハネ上がるようなX線があるんです。これが特性X線です。

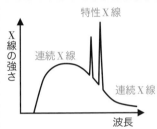

僕はそのX線の様子と、人間の魅力の話がリンクするのではないかと考えたんです。
みなさんにも得意、不得意ってありますよね。
例えば僕の場合、下の図みたいな感じです。

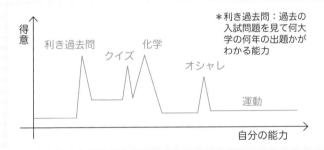

＊利き過去問：過去の入試問題を見て何大学の何年の出題かがわかる能力

ピョンとハネ上がったところが得意な分野。平坦な部分はあまり得意ではない分野。運動とかはあまり得意じゃないけど、利き過去問（＊）は得意ですｗｗ
上の僕の得意・不得意の図とX線の図、似てますよね。

つまり誰の中にも強みがあり、それを自覚しましょうってことです。学校はそれを見つけたり、その強みをさらに伸ばすにはいい場所なのかなって思います。

   なるほど〜！

すんも学校肯定派になったってことかな？ｗｗ

 肯定派ではないけど　否定もしないってことですｗｗ

 ｗｗｗ

 独白！

 僕自身は平凡な人間だと思いますし、どちらかというと安定した連続X線のような人生を望んでいます。
でも、もし特性X線みたいな尖った才能や面白い生き方が見つかるなら、それも面白いかなと思います。
自分の才能に気づくには、なんらかの刺激が必要で、学校にはそれがあるのかもしれません。「面白いやつや」って認めてくれる仲間も学校にはいますしね。
でも、仲間がいるのは学校だけじゃないんで。
イヤなら、ムリに学校にしがみつくことはない、というのを僕は言いたいです。実際に僕は学校以外で、こういうめちゃくちゃ面白い仲間ができたんで。

 いい話っすね〜

 ホンマやね。でも　すんが僕らの仲間になったのは
勉強して積分サークルに入ったからやけどｗｗ

 間違いない

 まとめ

 そう考えると　やっぱ学校に行くって
意味のあることかもしれませんね

 めっちゃ学校肯定派やん!?

 学校には多数の学びのタネがあり価値観の異なる人間がいます。だからそこで自分の幅を広げたり、知識を深めたり、才能に気づいたりできる。そのように学校を前向きにとらえてみてはいかがでしょうか。

数学とか僕らの話とか

順列と組み合わせ

自分の得意分野を選んで生きる。これは数学の「順列」「組み合わせ」の話にたとえられるでしょう。簡単に言えば、順列とは「選んで並べる」、組み合わせとは「選ぶ」ということ。
運動会での「リレーの選手決め」を例に、説明してみましょう。

各クラス30人の中から5人のリレー選手を選出することになりました。このとき、リレーでは走順が重要になるため、第1走者から第5走者までを「選んで並べる」ことになります。
従って、「30人から5人選んで順番に並べるとき、並び方は何通りありますか？」と言われたら、それは「順列」の問題ということになります。では実際に、順を追って考えてみましょう。

①第1走者を選ぶ→30人の中から1人選ぶ→30通り
②第2走者を選ぶ→残りの29人の中から1人選ぶ→29通り
　以下、第3走者→28通り　第4走者→27通り　第5走者→26通り
　となります。
③従って、全体では（30×29×28×27×26）通りの並び方があるということになります。

ところがここで、「順番よりもまずはリレー選手5人を決めよう」という意見が出ました。こうなると「選ぶ」が問題になります。
従って、「30人から5人選ぶとき、選び方は何通りありますか？」と言われたら、それは「組み合わせ」の問題ということになります。これは、以下の計算で求めることができます。

| 30人から5人選ぶ | × | 5人を並べる | = | 30人から5人選んで並べる |

上の解説を基に数字をあてはめると、

| 30人から5人選ぶ | × | 5×4×3×2×1 | = | 30×29×28×27×26 |

従って、

$$\boxed{30人から5人選ぶ} = \frac{(30×29×28×27×26)}{(5×4×3×2×1)} = 142506$$

これで30人から5人選ぶ場合の選び方の数を求めることができました。

悩み11

運動が得意になりたい。

特に小学生は勉強できる男子より
運動できる子がモテるイメージがあります。
なんか不公平な気もするけど…。まあでも、
理系の僕らならではの解決策を探してみましょう！

 みなさんは 運動得意でしたか？

  んーー

 俺は 得意なほうだったよ

  ほぇ〜www

 運動得意って どんな状態？

 神経伝達の効率がよい！

 体が勝手に最適解を選んで スピーディに滑らかに動ける！

 ある点AからBに移動させることが容易である！

 ｗｗ なんか理系らしい答えやね

   うぃー

 神経系って5歳で80％くらいまで完成するらしいです。。。

 へぇー そうなんや。
じゃあ 子どものときにいっぱい動いた子が勝ちやん!?

それはあるんやろうな。
あと 運動って できるように
なるまで時間かかるけど
でき始めたら楽しくなって
グングン上達せえへん？

こんな風に

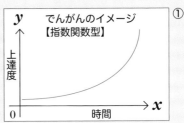
① でんがんのイメージ
【指数関数型】
y
上達度
0 時間 x

違います！
それは運動できる人です。
僕の現実はこんな感じです。
最初は未体験からのスタートだか
ら ちょっと伸びるんです。
でもその後は横ばいになります

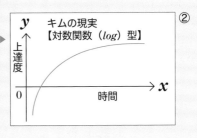
② キムの現実
【対数関数（*log*）型】
y
上達度
0 時間 x

その原因はなんなんやろ？

運動得意な人は 5 刻みくらいずつ
上がるんで すぐに上達するけど
運動苦手な僕らは 0.5 刻みくらい
ずつの上がりなんで
なかなか 100 に
到達できないんです。
そして時間オーバーになる

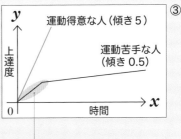
③ 運動得意な人（傾き5）
運動苦手な人
（傾き0.5）
y
上達度
0 時間 x

ゼロからのスタートだから
苦手な人も最初は善戦するけど
あるときから急激な差が出る

運動苦手な人は うまくなる前に
あきらめたり やめたりしちゃう？

そう！ それっす!!
僕はマラソンが苦手だったんですよ。
で あるとき 首を振って走ってるって めっちゃ笑われた。
それを意識して直したら 若干行けるようになりましたｗｗ

気づきがあると上達できるってことですか!?

それ！
大ヒントちゃう!?

その悩み、僕らが 数学で解決します！

止まる上がるはあなた次第！〈関数〉

みなさんはこんな経験ないですか？
部活に入って最初の3か月は上手になった。
でもある段階 (a) で伸び悩んでしまった。

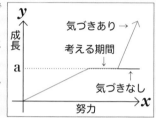

実はここが**得意な人と苦手な人の分岐点**なんです。
ここで自分に何が足りないかを考えて、
気づきのあった人は上達する。
でも、気づきのない人はそのままなんです。
そこであきらめて辞めてしまう人もいます。
運動にも**考える期間**が必要なんですよ。

   なるほど〜
それって 化学の平衡移動の原理と似てるよね

すんの理論の 補足

平衡移動の原理

化学反応の中には、時間が経つと外から見て全く変化しなくなるものがあるんだ。
これを平衡状態と言うんだけど、このときに濃度や温度、圧力など外部から変化を加えると一気に反応が進むんだよね。
この原理は、運動にも当てはまる。
例えば外部の人からのアドバイスなどで気づきを得て一気に上達するみたいな。

変化を加えると
反応が進む

たしかにそうっすね。
そもそも ずっと成長し続けるなんて ムリなんです

 どんなスポーツ選手にも 壁やスランプはあるしな

 最短距離では到達できない。遠回りが必要ってことやね

 面白い理論があるんですよ。
クイズを出しますので お答えください！

キムの数学クイズ

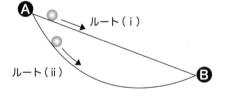

問題 A地点（坂の上）とB地点（坂の下）を結ぶ
2つの坂道があります。A地点から同時にボー
ルを転がしたとき、B地点に先に着くのはどっ
ちの坂道でしょう？

（図：A地点からB地点へ ルート（i）とルート（ii）の2つの坂道）

 ルート（i）でしょ！！ 直線で最短距離っぽいし

 俺もルート（i）やな 直感やけどｗｗ

 僕は答え知ってるんで黙秘します

 答えは**ルート（ii）**です！

 マジか！ 曲線のほうが早く到達するん？

 はい。これを**最速降下曲線**と言います

運動の最速降下曲線を探せ〈物理数学〉

直感では直線が速いと思っても、実は違うっていうのが最速降下曲線の面白さなんです。

運動もこれと同じようなものです。上達するにはルート1がいい！ って思っても、実際にはルート4が最適だったりするんですよ。

でも、最適解はやってみないとわかりません。

だからつねに**試行錯誤すること**が大事なんです。

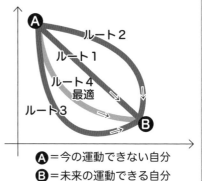

Ⓐ＝今の運動できない自分
Ⓑ＝未来の運動できる自分

 なぜできないんだろう？ もっといい方法は？ ……とずーっとくり返していった先に正解がある!?

 そうです！
試行錯誤した結果 最適解にたどりつけるんですよ

 なるほど〜

 もーあかん！ とあきらめた瞬間に成長は止まる

 これできひん！ と見なした瞬間にできひんねん

 運動だけじゃなく勉強や仕事でも 同じことが言えるのかもなー

 うっ！ 名言ですね。
僕 途中でバスケあきらめちゃったけど
この言葉知ってたら 今ごろＮＢＡプレーヤーでしたねｗｗ

ですね

 ないない！

 見たかったな キムのＮＢＡｗｗ

 悪ノリやんｗｗｗ

 成長するには自分の**上達関数**を知ることも大事やと思う。
それを知らないと キムみたいなカン違いも起こるからｗｗ
上達関数を知ることで 自分を冷静に見つめることができるんだよ

自分の上達関数を知ろう〈関数〉

どんな人も一定の割合で成長することはなく、止まったり、
落ちたり、グンと伸びたりします。
その推移を表したのが**上達関数**。
例えばでんがんさん、浪人のときの偏差値の推移を書いて
みて。

 えー！ マジで？　ちょっと俺のはハズイなあｗｗ

 でんがんさんのマジですごいからｗｗ

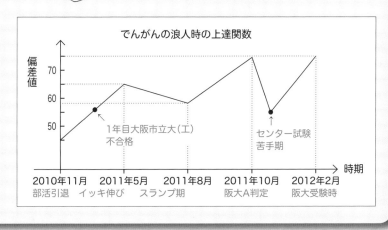

でんがんの
回想

俺はいい高校出てなくて、しかも高3の11月まで部活やってたので、勉強は苦手。当時の偏差値は平均45くらいやったかな。そこから猛勉強して伸びたんだけど1年目は大阪市立大工学部に落ちた（200点足らんかったｗｗ）。
でもやれば伸びるとわかったので浪人を決意。すると、最初はできないことだらけだからメキメキ伸びるんよ。でも、そのうちに難しい問題と戦うようになると、スランプに陥った。そこは苦しかったけど、何ができないかを整理して、ひたすら課題を克服し続けた。その結果、偏差値は75まで上がり、阪大に合格。

 自分を微分するってことですね？

 そう！　微分することで自分の成長度（傾き）や
今のレベルや努力に対しての達成度が見えてくるんよ

＊微分の説明は123ページのcolumnを参照してください

 最近の成績（戦績や記録）をもとに、上達関数を書いてみよう。

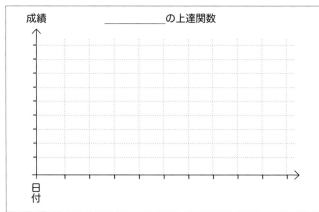

成績　　　　　＿＿＿＿＿＿＿の上達関数

日付

まとめ

今回もいろんな理論が出ましたが、大切なのは自分の弱点などに気づいて、修正する方法を考え、試すこと。運動が得意になる道は遠回りですが、みなさんもあきらめずに努力を続けてください。

a^0 について

みなさんは指数を習うときに、「a^2 は a を 2 回かけるんだよ」「a^3 は a を 3 回かけるんだよ」……と教わります。式にすると、

$a^2 = a \times a$　　$a^3 = a \times a \times a$　　$a^4 = a \times a \times a \times a$　…

中学校で習うので、知っている人も多いでしょう。

では、ここから少し難しくなりますよ。

$a^1 = \square$　□には何が入りますか？

答えは「a」です。「a を 1 回かけるから a」。それでは、

$a^0 = \square$　□には何が入りますか？

答えは「1」！

「えぇー、0 じゃないの〜？」という声が聞こえてきそうですが、a^0 は「1」なんです。順を追って説明しますね。

$a^2 \times a^3$ ってどうなりますか？

そう。a が全部で 5 回かけ算されるから a^5 になりますよね。これは、中学校の数学で、「指数法則」の 1 つとして習います。

指数法則：$a^m \times a^n = a^{m+n}$

それでは、$a^1 \times a^0$ だとどうなりますか？

さっきと同じように、指数法則を使って考えてみましょう。

$a^1 \times a^0 = a^{1+0}$

つまり、$a^1 \times a^0 = a^1$ になりますよね。

この式から a^0 が 1 であることを証明します。

$a^1 \times a^0 = a^1$ 〈両辺を a^1 で割って計算すると……〉 $a^0 = \dfrac{a^1}{a^1} = 1$

ほらね。 $a^0 = 1$ になりました！

悩み
12

暗い性格を
直したい。

 テレビやYouTubeで活躍してる人って
キラキラしてて明るい性格に見えますよね。
でも本当はどうなんっすかね?
世間からは陰キャと見られがちな理系の僕らが、
悩みに答えましょう。

 みんな 自分のこと暗いとかって 思ったことある?

 YouTubeのはなおでんがんチャンネルに「キムの1日」という
動画があるんですけど 僕が誰ともしゃべらず
ただただ授業を受けて1日を終えるという……

> 1年以上前の
> 動画やけど

 伝説のドキュメンタリーwww

 もちろん あれ以上の生活もあると思うんですけど
別に明るくする必要ないかなって。
ムリして疲れるくらいなら やらんほうがいいと。。。

 名答 出ちゃいましたねwww

 俺は正直 電球といっしょやと思う

 ん?? どういうこと?

 電球って 明るいときもあれば 暗いときもあるやん。
それと同じで ずっと同じテンションの人はいないってこと

 間違いないっす

 ほんで こんな理論を考えてみたんやけど

人間みな電球理論〈物理〉

YouTubeでみんなが見てる俺は100ワット（w）の電球みたいなもんで、めっちゃ明るい。でもそれ以外の、ただたんに友だちと集まってるときはそうじゃないんだ。
常時100wだったら体がもたない。エネルギーの充電期間が必要なんだ。だから動画以外のときとかは、俺の体は超節約モードに切り替わって豆電球の光みたいになる。
明るさは人によって違い、常時40wくらいの明るめの人もいれば、10〜40wくらいを切り替えてる人もいる。

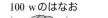

100 wのはなお　　　5 wのはなお　　　ずっと50 w

はなお
極端型　　　　　　　　虚無　　　　　　　でんがん
　　　　　　　　　　　　　　　　　　　　バランス型

  ほぉ〜！

 昔は俺 たぶん常時 10 wくらいだったんやけど
今は Max で 100 wくらい出せるようになった 時間限定やけど

 ってことは 初期値は低い人でも
最大値を上げることは可能ってこと!?

 そうそう！

 自然に上がったんすか？

 俺は **YouTube で鍛えられた**かな。
でも 友だちとか周囲の存在も大きかったと思う。
俺は でんがんさんがいたから安心して自分を出せたし
それ見ておもろいと言ってくれる人がいた

   なるほど〜

その悩み、僕らが数学で解決します！

 僕の友だちに 普段めっちゃ明るいのに
1人になると急に暗くなる人がいるんですけど……
そいつの家の部屋が めちゃ暗いんです ww

www  www

なんなん？ その話 www

 いや つまり外的環境が影響するって話です。
そこで考えたのが**性格の明暗＝2因説**です

性格の明暗＝2因説〈足し算〉

テンションって性格由来のものと、そのコミュニティの雰囲気、つまり環境由来のものからできていて、1人1人のテンションは足し算から成るんです。

テンション	=	性格由来のテンション	+	環境由来のテンション
		・ポジティブさ 〇自信 △周りの見えなさ ・バカさ　など		〇部屋の明るさ △話し相手の明るさ △自分を見ている人の数 〇体調　など

＊〇：自分で変えられる要素　△：自分では変えづらい要素

  なるほど～

 周りが明るいと 自分も明るくなるってこと？

そうです　共鳴するんですよ

 明るくなりたいなら　明るい環境に身を置けと？

ですね！　僕がその例です

 たしかに　キムは変わったよな

 性格については　僕も持論があります

人生はRPGの経験値集めだ〈足し算〉

自分の性格が暗いと思う人
　　＝自己肯定感が低い人

自己肯定感が低いのは
　　　　自分を引き算するから

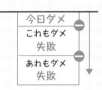

今日ダメ	−
これもダメ 失敗	
あれもダメ 失敗	−

「あれができない、これもダメだ」と自分を引き算するから自信がなくなり、自分を暗いと思い込むんです。
本当は自分を足し算するべきです。
なぜなら人間は生まれたときは何もできないのに、年齢と共にできることが増えていくからです。
初期値０から経験値を積み上げるRPGと同じで、蓄積しかないんで、絶対にプラスに行きます。

成功！ あれができた	＋
成功！ これができた	＋
今日よし	

 すばらしい！　

 反論！

レベルが上がってくると　だんだん上がりづらくならない？
そんで自信なくす。だからずっと上がり続けることはない！

たしかに！　でも　伸びなくても　逆に失敗したとしても
自分の人生においてはそれも経験値になる。
なんで　下がることはないんですよ

参りました！

 　www　

ところでさ　でんがんさんは
いつもテンション高めだけど　それはどこから来るの？

xとyは陽になれ理論〈陰関数と陽関数〉

ポジティブになるには周りの助けが非常に大切。だから、
交友関係を広げることはテンションアップに大事だと思う。
数学的に言うと……。関数のグラフで説明するね（下図）。

横軸＝交友関係　縦軸＝自分のテンション
図1の円のように、交友関係を制限するとテンションは制限されてしまう。
円の方程式は $x^2 + y^2 = r^2$ と表すんだけど、このように $y = \square$ の形をしてない関数は、**陰関数**と呼ばれたりするんだよ。左のグラフがそれで閉じちゃってるよね。
交友関係を広げようとしなかったり、新しいことや好きなことにチャレンジしなかったりすると、図1の円のように陰関数の**陰**になっちゃう。

図1　陰関数の例

対して、図2の放物線のように交友関係の制限をなくすと、テンションも無限の可能性が出てくるんだ。
この式は $y = x^2$ と表すんだけど $y = \square$ の形になってるから**陽関数**って呼ばれたりする。
陰関数とは違い、グラフが開いてるよね。開放的なんで**陽**になるんだ。

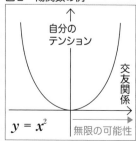

図2　陽関数の例

$y = x^2$

 ほぉー！

 高校数学で習うのは　陽関数が多いんやない？

 ですね。だから陰関数なんて知らないかも

 別に知らなくていいと思う。俺が伝えたかったのは
制限すると陰になる　広げると陽になる
ってことだから

 なるほど

 ホンマそれな！
俺も YouTube で世界が広がって陽度が上がった。
そこでもう１つ　この理論も加えておきたい

膜張MRP理論〜ありのままで〜
〈自分の殻の厚さを求める計算式〉

人間って誰も見てなかったら本来の自分出せるでしょ。
例えば、開放的な環境で伸び伸び育った人って、開放的な
性格になると思うんだ。
逆に、周りと比較したり周りから責め続けられたり、閉鎖的な環境にいると、本来の自分を出せなくなる。自分の殻を分厚くして周囲との壁をつくってしまうんだ（右図）。
というわけで、明るくなるには自分の殻（d）をできるだけ小さくすればいい、というのがこの理論。

   なっとく

 どうやって小さくするんですか？

膜張 MRP 理論の続き①

自分の殻（*d*）の厚さの出し方を説明するよ。
これにはPとRとMの3つの要素があるんだ。

　P：ピープルのPで他人の人口密度。**人混みの中の他**
　　　人の割合を表すよ。
　R：流動率のRで**人とのかかわり**を表すよ。
　M：マッチのMで組織の親和度。**キミが属している組織**
　　　への満足度を表すよ。

まずは簡単に、自分の殻の厚さ（*d*）とPやRの関係性を説
明してみるね。下のグラフを見て。

図1は人口密度（P）
と殻（*d*）の関係。中高
はせまい教室に人が多
いよね。人の目も注が
れるから、防御するた
めに殻が厚くなるんだ。

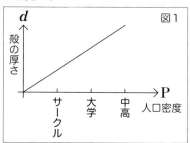

図2は流動率（R）と
殻（*d*）の関係。サーク
ルは出入りが激しく流
動率は高いので割と気
楽で殻は薄くなる。

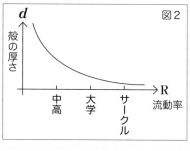

直感でいいので、キミ
のPとRとMの値（1
～100）を下の表に書き
出してみて。

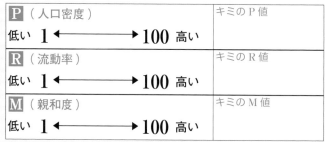

P（人口密度）	キミのP値
低い **1** ←——→ **100** 高い	
R（流動率）	キミのR値
低い **1** ←——→ **100** 高い	
M（親和度）	キミのM値
低い **1** ←——→ **100** 高い	

<u>膜張 MRP 理論の続き②</u>

さて、いよいよ自分の殻の厚さ（d）の求め方だけど、これは以下の式で求められるんだ。

$$d = \frac{P}{RM}$$

【計算例】

例えば、好きなアーティストのライブに行ったとしよう。会場は混雑してるので人口密度は高く、数時間で入れ替わるので流動率は高く、ファンなので親和度は高い。それを仮に数値化すると P = 70、R = 90、M = 80 くらいかな。これを上の数式に代入するとこうなる！

$$d = \frac{70}{90 \times 80} = \frac{70}{7200} = 0.00972$$

答え：0.00972　スゴイ薄さ！

＊これが薄いか厚いかの評価は 106 ページの column を参照してください

  すげえ！ あー！ それで膜張理論なんやね

ようは自分の殻（膜）をいかに薄くできるか⁉
それには**ありのままの自分を出せる**
コミュニティが大事なのかな

まとめ

今回もいろいろな解決策が出ましたね。
・いつも明るくなくてよい。
・初期値が低く（暗く）てもアップ可能。
・明るさは性格と環境の２要素からくる。
・人生は引き算でなく足し算である。
・制限すると陰（関数）になるけど、
　広げると陽（関数）になる。
・素の自分を出せるコミュニティに属す。
なんせ世間的には陰キャの僕らが導き出した解決策ですが、参考にしてもらえたら幸いです。

自分の殻（膜）の厚さは？

104ページで、キミのP値・R値・M値を書いてもらったよね。
これを下の式に代入して、計算をしてみよう。

$$d = \frac{P}{RM} = \frac{\boxed{}}{\boxed{} \times \boxed{}}$$

P値 / R値 M値

計算によって出た数値が、あなたの殻（膜）の厚さです。

私の殻（膜）の厚さは ＿＿＿＿＿＿ です！

ここで出た殻（膜）の厚さによって今の自分発揮度がわかります。
現在のあなたは下の表のどのタイプですか？

自分発揮度

大 ▬▬▬▬▬▬▬▬▬▬ 小

あなたの殻の厚さ	～0.01	0.01～0.5	0.5～1	1～10	10以上
あなたのタイプ	キミのよさ、バリバリに発揮！	少し遠慮してる？	自分からは話しかけない	そろそろこのコミュニティ抜けようかな	完全バリア

＊数字はあくまでも参考です。
〈ほえい調べ〉

殻（膜）が薄いほど自分を発揮できるんだ。
もしも「自分はこんなんじゃない」と思う人は、P・R・Mのどれかを
改善すれば、もっと自分を発揮できるかもね。
このように数学は日常の出来事を数値化して理解できるツールにも
なるんだよ。

第5章

人生の悩み

悩み13 働かずに 楽しく生きたい。

小・中学生の「憧れの職業」であるYouTuber。
たしかに僕らは楽しく生きていますが、
ちゃんと働いてるんですよww
世間では働き方改革なんて言いますが、
働くことについて議論してみますか？

キムとすんも やっぱ仕事ってしたくない？

そりゃそうっすよ。1日中ゲームして過ごしたいですもん

でも働かなかったら生きていけない。だから働く。
そういう人がほとんどじゃないですか？

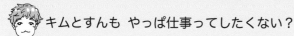

じゃあ もし宝くじで9億円当たったら？

僕は……働くかな。コミュニティがゼロになるのはイヤなんで
めちゃくちゃ楽な仕事しながら 仲間をつくります

僕も 人にかまってもらえないと死ぬんで 働きますww

なるほどねー。
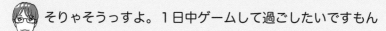

働く＝コミュニティに属す
という意味合いが強いってことね？

たまたま僕とか
すんとかはそうですけど。。。

やっぱ 自分のコミュニティがないって不安ですからね

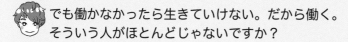

世間の人は どう思ってるんかな？

働くって何？

世間の人はこう思っている（NHK「日本人の意識調査2018」を基に作成）

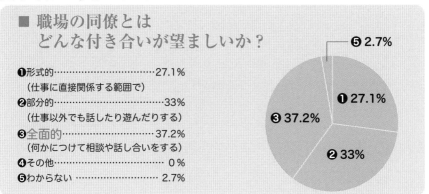

■ 職場の同僚とは どんな付き合いが望ましいか？

❶形式的……………………27.1%
　（仕事に直接関係する範囲で）
❷部分的……………………33%
　（仕事以外でも話したり遊んだりする）
❸全面的……………………37.2%
　（何かにつけて相談や話し合いをする）
❹その他……………………… 0%
❺わからない ……………… 2.7%

❺2.7%
❶27.1%
❸37.2%
❷33%

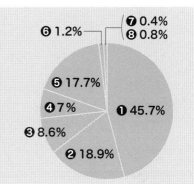

■ 余暇の過ごし方で、 いちばん多いものは？

❶好きなことをして楽しむ……45.7%
❷体を休めて明日に備える …………18.9%
❸運動して体を鍛える………………8.6%
❹知識を得たり心豊かにする……………7%
❺友人や家族との親交を深める ………17.7%
❻世の中のためになる活動をする………1.2%
❼その他……0.4%　❽回答なし………0.8%

❻1.2%　❼0.4%　❽0.8%
❺17.7%
❹7%
❶45.7%
❸8.6%
❷18.9%

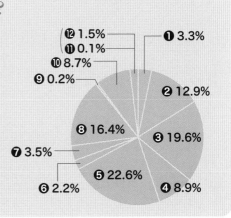

■ どんな仕事が理想か？

❶労働時間が短い …………………… 3.3%
❷失業の心配がない…………………12.9%
❸健康を損なう心配がない………19.6%
❹高い収入が得られる …………… 8.9%
❺仲間と楽しく働ける…… 22.6%
❻責任者として采配が振れる …… 2.2%
❼独立して自由にやれる ………… 3.5%
❽専門知識や特技が生かせる……16.4%
❾世間からもてはやされる ……… 0.2%
❿世の中のためになる ………… 8.7%
⓫その他 …………………………… 0.1%
⓬回答なし ………………………… 1.5%

⓬1.5%　❶3.3%
⓫0.1%
❿8.7%
❾0.2%
❷12.9%
❽16.4%
❸19.6%
❼3.5%
❺22.6%
❻2.2%
❹8.9%

どんな仕事が理想か？　って質問では
やっぱり　仲間と楽しく働ける　って答えが多いんやね

 逆に言えば　それは仲間と楽しく働けてない
っていうことなんですかね？

 俺　サラリーマンと YouTuber と両方やってみたやん？
そんで思ったんは　親とかが言いすぎなんやないかって。
「会社は楽しくない。働くのは大変なんや」って子どもに

 僕も　完全に洗脳されてます www

 だから学生は働きたくなくなるし　楽しい仕事にあこがれる

 だから小・中学生が YouTuber になりたいって言うんや !?

YouTube を職業にしたいキミへ

僕は大学院を出た後、社員が何万人もいるような大企業に勤め、その後 YouTube に戻りました。2つの職業を経験したけど、一番大きな違いは人数です。数万人 vs 2人ｗｗ

大きい組織にいたときは、自分の仕事がどう世の中のためになっているのか、その実感が得られませんでした。新入社員で失敗もあったけど、先輩がフォローしてくれたし、誰かの成功や努力のおかげで給料もいただきました。
でも2人だと、それが全部自分らにはね返ってくるんです。「面白い」と言われるのはうれしいけど、期待の分だけ責任も大きくなる。誰かに頼るわけにはいかないんです。それらを全部自分らで背負うのが YouTube の仕事です。

強い思いで「世の中のために動画を出したい」と思うなら、とてもやりがいのある仕事です。でも安易な気持ちでやるなら、大変な思いをすることも多いかもしれません。

ちなみに…
将来なりたい職業ランキングは？

> 小学生
> 男子

1位	野球選手・監督など	112 票
2位	サッカー選手・監督など	106 票
3位	医師	77 票
4位	ゲーム制作関連	54 票
5位	会社員・事務員	38 票
6位	ユーチューバー	35 票
7位	建築士	29 票
7位	教師	29 票
9位	バスケットボール選手・コーチ	24 票
10位	科学者・研究者	23 票

（2018 年日本 FP 協会調べ）

> 中学生
> 男子

1位	ユーチューバーなどの動画投稿者	30%
2位	プロ e スポーツプレイヤー	23%
3位	ゲームクリエイター	19%
4位	IT エンジニア・プログラマー	16%
5位	社長などの会社経営者・起業家	10%
6位	公務員	9%
6位	ものづくりエンジニア	9%
6位	プロスポーツ選手	9%
9位	歌手・俳優・声優などの芸能人	8%
10位	会社員	7%

（複数回答形式　2019 年ソニー生命調べ）

> アドバイス

どんな仕事でも、よい仲間がいたほうがいいよね。では、どうしたらよい仲間と出会えるか？　それは自分自身の人間力にかかってると思うんだ。僕のことを「いいやつだな」とか「がんばってんな」と認めてくれれば、相手も僕を大事に想い、いい人になってくれる。だから「よい仲間と出会えへんわ」と思うなら、まずは自分から変わってみたらいいと思うよ。

その悩み、僕らが 数学で解決します！

 はなおさんは 働くってことに対して どう思ってんの？

 ん？ 俺？

 はなおファンの学生とか それ 知りたいと思いますよ

 俺は…… 働くのは究極のひまつぶし と思いたい

 え〜っ！ ひまつぶし？？

 ｗｗ そう！ ひまだから働くのよｗｗ
だって 仕事って 人生の相当な時間を占めるわけやん？
計算したらわかるけど

人生で仕事にかける時間〈かけ算〉

勤務時間は 9 時〜18 時まで。途中 1 時間の休憩をはさみ、
通勤時間は片道 45 分。始業前の準備時間は 30 分。
これをもとに、仕事に占める時間を計算してみよう。

ⅰ）1 日の仕事に占める時間

$$8 時間 + 1 時間 + 1.5 時間 + 0.5 時間 = 11 時間$$
（労働）　　（休憩）　　（通勤）　　（準備）

ⅱ）1 週間の仕事に占める時間 （週休 2 日＝5 日勤務）

$$11 時間（1 日）\times 5（日）= 55 時間$$

ⅲ）1 年間の仕事に占める時間

1 年間の週の数は $365 日 \div 7 日（1 週）= 52.14 週$

$$55 時間（1 週）\times 52.14（週）\fallingdotseq 2868 時間$$

人生で仕事にかける時間の続き

iv）人生の仕事に占める時間
　＊高校を卒業後 18 〜 65 歳まで勤務する場合

勤続する年数は　65 歳 − 18 歳 ＝ 47 年
2868 時間（1 年）× 47 年 ＝ 13 万 4796 時間

実際は残業や会社の付き合い、仕事のスキルを磨く時間などもあり、これより長い人が多いと思われる。

 およそ 13 万 5000 時間かぁ。果てしなくない？

 ドラクエですら 1 週間でレベル 99 くらいいきますから

 さすがに 13 万時間 ひまつぶすのはきついっすね

 そう！　だから働くわけよ

   なるほど〜！

 数字で把握するって やっぱ大事なんやね？

 それが数学の強さです！

 ちなみに 人生 85 年を生きると 総時間はこうなります。
24 時間 × 365 日 × 85 年 ＝ 74 万 4600 時間
この総時間に 仕事が占める割合は
134796 ÷ 744600 ＝ 0.18　**18%** です

 ん？　意外に少ない？　ｗｗ

 でも俺は この 18% を充実させたいんだよね。
だらだらとひまつぶすんやなく 楽しくやる！

あなたはどっち？〈正の数と負の数〉

さて、あなたは次のどちらのタイプでしょう？
①生きるために仕方なく働く
②○○だから働きたい

①と②では人生は大きく変わります。
仕事に対して①は後ろ向き、②は前向きな人です。

■①の人は仕事に対して消極的で受け身だから、なかなか成長しないし、失敗すると大きなマイナスを感じるんだ。

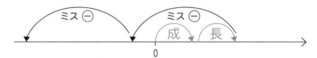

■②の人は仕事に対して積極的で自発的だから、成長も早いし、失敗しても「こうすればうまくいくかも？」と試行錯誤する。ミスさえも成長の１つになるんだ。

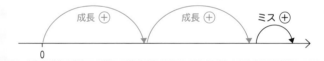

僕は楽しいと思えることを仕事にしたい。企業の内定を辞退して YouTube の道に進んだのも、そう思ったから。
そりゃあ働けば、しんどいことや大変なことはあると思う。でも、快適な生活のためとか、誰かが喜んでくれるからとか、そこに１つでもプラス方向の意味を感じられれば仕事に前向きになれる。そしたら毎日が少し楽しくなるんじゃないかな。それが現時点での僕の結論です。

僕がYouTubeに戻った理由

僕は大学院を卒業して一度大手メーカーに就職しましたが、それを辞めて今はYouTube活動をしています。なぜそんな道を選んだのか、ちょっとお話しさせていただきます。

みなさんも人生のどこかで進路を考えるときがくると思います。

学生時代の僕は、大学で研究をしていて、そのまま研究職につくんだろうなと思ってました。今まで学んだことを活かすべきだと勝手に考えていたからです。僕は学生時代、はなおとYouTubeをしていましたが、まさかそれを仕事にしようとは考えもしませんでした。だから一度サラリーマンになったんです。つまり僕は「何かをしたい」という欲求で仕事を選んだのではなく、今まで学んだことを仕事につなげなければ！ というある種の「義務感」みたいなもので大手メーカーへの就職を選んだのです。しかし「なぜこの仕事をするのか？」という目的が曖昧だったため、入社後は仕事に対して受け身になっていました。

でも逆にそれが「やりたいことをやる」って本当に大切なんだ、という気づきにもつながりました。

そんなときです。僕の配属先が大阪に決まり、はなおと会ったときに、「また俺と一緒にYouTubeやろう」って言われたんです。

そりゃあ迷いましたよ。でも「自分は何をしたいのか？」と自問して、出てきた答えは「はなおと一緒に動画をつくりたい」でした。

僕は会社を辞め、YouTube活動を選んだのです。

みなさんは、やりたいことを見失っていませんか？　就活する学生は、大学の専攻などに縛られて進路を決めていませんか？

道は無数です。「これしかない」という道はありません。

どんな道でもいい。大事なのは、みなさんが人生において満足感を得ること。完全燃焼の人生を送れることだと思うのです。

僕は「はなおとYouTubeで完全燃焼したい！」と思いました。その強い思いで僕は進路を変更し、ぐんぐん突き進んでいます。

みなさんも僕といっしょに完全燃焼の人生を歩もう！

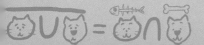

大学に行く意味が
わかりません。

俺はホンマに行っても行かなくても
どっちでもええと思ってるんだけど。
でも世間的な風潮として行く人が増えてる。
だからその意味を改めて考えてみたいんだ。

 僕もですけど　4人とも　勉強好きですよね？

 うんうんうん

 僕は　勉強するために大学に行きました

 俺もそうやな

 でも　勉強したくないけど大学行く人　多いと思うんですよ

 実際　そっちのほうが多いんやない？
俺は　それでも別にいいと思うけど

 俺　大学出て一度　会社員になったやん。
そんとき同期には　高校卒も大学卒も大学院卒もおった。
で　高校卒の人が　**求められるレベルが急に上がって**
ビビる　みたいなことを言ってた

 大学生って　世の中を眺める時間が増えるよね

 時間があるんで　日々をどうするか考える

 いったん大学をはさむことで
人生が微分可能になるのかもなあ＊ p.118 で説明

はなおさん 大学行ってよかったこととか あります？

 おまえらに会えたことかな

 ｗｗｗ

 何 その男前テンションｗｗ
でも 言うて俺も はなおに会えたことかな

 なんですのん この茶番劇ｗｗ
正直 僕も大学行ったからみなさんに会え……

 やめろー！

 ｗｗｗ

 でもこのお題 ホンマに数学いるか？
俺 なんなら独白で 30 分くらい語れるで

 では はなおさんお願いしますｗｗ

 独白！

 俺、大学時代は息継ぎという表現を使いたいな。
高校、受験、就職って息継ぎする時間がないやん。
これって YouTuber が毎日投稿してるみたいな状態。
こうなると息切れしたり、自分の活動を見直したくなっ
たりする。俺の動画、本当にこれでいいのか？ ホンマに
これが俺のやりたいことだったのか？ とかね。
アーティストとかも同じでみんな小休止するやん。
その時間、絶対に必要やと思う。それが大学時代で……

 やめろー！
もう いつまでやってるんですか！

その悩み、僕らが 数学で解決します！

 僕は大学生なんで 社会人のことはわかんないけど
でもさっきのでんがんさんの話 よくわかります。
数学的に説明すると こんな感じになります

大学は人生を微分可能にする〈微分〉

数学が苦手の人は微分って聞くと拒否反応を起こします。
でも簡単に言うと微分って傾きのことなんですよ。
そして微分可能とは傾きがなめらかってことです。

中学・高校から急に社会に出ると、そのギャップの大きさ
にビビります。中・高は学校側が主導してくれたのに対し、
社会人は自分主体の行動が求められるからです。（図1）

いっぽう、大学は自由な時間も多いため、自分主体でバイ
トやサークル活動をしたり、いろんな人間と付き合ったり
できます。つまり社会を疑似体験できるんです。（図2）

図1と比べて図2はなめらかです。つまり微分可能と
いうこと。大学に行くことで人生が微分可能になり、スムー
ズに社会に入っていけるんです。

   なるほど〜

 大学生という身分は 最強説あるからね

ノーリスクで失敗が許されるのが大学生の特権だよね。
もちろん 法に触れることしたら あかんけど

 束縛されないフリーな身分だし 時間もある。
だからこそ **どう過ごすかが重要**なんよ

 はなおさん なんか熱いっすねｗｗ

 まだ話し足りなさそうやなｗｗ
どうぞお話しください

 独白Ⅱ！

ひと昔前までは終身雇用で会社に入って定年まで勤める
のが普通やった。でも今は多くの人が転職する。
選択肢がいろいろあるわけやん。
悪く言えば、選択肢が広すぎて何をしたらいいかわから
んのやけど、よく言えば、**自分で選べる時代なんだ。**
つまり能動的に自分で考えて行動しないといけない時代
になってきてると思うんだ。
臨機応変で柔軟な人生とでも言えばいいのかな。
だから別に大学に行かなくてもいいんだけど、自分の人
生を考えるフリーな身分と時間を確保するには、大学は
最適な期間（機関）なんやと思う。
俺が YouTube 始めたのも大学時代だったわけやし。
でんがんさん、キムやすんに会えたのもそのおかげやし。

 メチャクチャいい話してるやんｗｗ

 僕 今泣きそうになりました。
っていうか **ちょっと泣きました**ｗｗ

 僕 大学は 自分の弱みを見つけて直す期間だと思うんです。
人に会わないと 自分の弱み 見つからないですから。
実際 僕も人との出会いで自分の弱みに気づけたんで……。
そこで 僕の**出会いが人を磨く理論**です

その悩み、僕らが数学で解決します！

出会いが人を磨く理論〈指数関数〉

自分の魅力は人によって違いますが、僕の場合、初期魅力はマイナスだと思っているので、仮に「-b」としてあります。

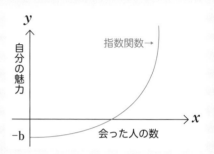

多数の人に会うほど魅力は上がっていきます。人と会うことで、自分の欠点に気づいたり、人のよい部分を吸収したりできるからです。出会いがなく1人なら、自分を振り返ることもせず、人のよさを知ることもできません。また自分の魅力を認めてもらうこともできません。やはり自分の魅力は人によって磨かれていくんです。

これって83ページではなおさんが言ってた「ルイーダの酒場理論」と基本的に同じなんですけどね。

僕は大学でいろんな人に出会いました。そして少しずつ魅力が高まり、今は……ちょっとした**伸び期**かも（自分で言うのもなんですがｗｗ）。

何？ これも**めっちゃいい話やん！**ｗｗ

はなおさんのへんにアツいテンションのせいでみんなおかしくなってますｗｗ

でもキム 自分のこと悪く言いすぎなｗｗ
キムの初期魅力 マイナスってことないやろ

 また泣けてきたｗｗ

 はなおさん さっきのいい話 数学で説明できる？

 もちろん！ 題して**豊かな人生デザイン理論**

豊かな人生デザイン理論〈ベクトル〉

例えば大学生活で、
①授業にだけ専念した人
②一生懸命に授業を受けて、バイトしてサークル活動
　して、友だちと遊んで恋愛もしてた人
どっちが魅力的だと思う？

たぶん②だよね。それは②の人のほうが人生の幅があるか
らだと思う。それを表したのが下の図。
→はベクトルで、いろんな方向にベクトルを向けることで
人生の幅は広がるんだ。

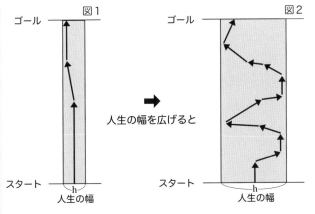

長方形の面積が広いほど人生は豊かである！

豊かな人生デザイン理論の続き

前ページの図1がチャレンジしていない人の人生。
ベクトル的にはスッキリしているけど、結果的に狭い人生
になってしまいそうだよね。
逆に前ページの図2は、ベクトルの方向も長さもさまざま
で、いっけんムダも多く、ゴールまでの道のりも遠いよう
に思えるけど、結果的に人生の幅が広がりそう。
ベクトルが多ければ、自分のし
たいことや、向いていることも
見つけやすい。さらに、人の気
持ちや立場を理解できるように
もなると思うんだ。

 今の社会って みんな最短距離を行くことばかり考えてますよね!?

 ほんまそれ！ でも遠回りも必要なんやない？
大学は遠慮なく遠回りできる期間なのかも。。。
だから もし大学に行くチャンスがあるなら
思いっきり いろんなことにチャレンジしたらいいと思う

   すばらしい！

まとめ

今回ははなおの熱いペースに引っ張られたけど、い
い話でしたね。文字は多くなったけどｗｗ
大学に行くならその時間を有効に使おう。
人生の中で大学ほど自由な時間はない。
ボーッと過ごしても時間は過ぎていくけど、いろい
ろやったらその分だけ人生の幅は広がる。
そして人との出会いによって、自分を高めることも
できる。もちろん大学以外にも、成長の場はたくさ
んあると思うよ。でも、行くか行かないかで悩んで
るなら行ってみたらいい。そしていろいろ挑戦して
みたらいいと思います。

微分って何？

118ページで「微分とは傾き」であると説明しましたが、微分について
もうちょっと話します。
僕はよく大阪から東京まで新幹線で移動するのですが、そのときの距離
は約550km、時間は約2時間30分です。そこで問題です。

【問題】この新幹線の速さを求めなさい。

小学生でもできる問題ですね。
速さ＝距離÷時間　　550÷2.5＝220km/h　時速220kmですね。
でもこれは新幹線の実際の速度ではありません。
右の図を見てください。

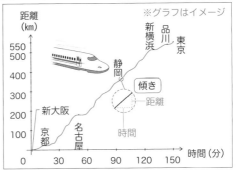

新幹線のぞみは新大阪を出
て、京都、名古屋、新横浜、
品川の各駅で途中停車し、
東京に到着します。停車前
や発車後はゆっくり走るし、
カーブなどでも速度を落と
す。停車中は速度0です。
つまり時速220kmというの
は「大きな距離を大きな時間」で割った平均速度。実際は一瞬一瞬、そ
れより速く走ったり遅く走ったりしています。
そして微分を使うと、その瞬間の速さなどがわかるんです。
例えば静岡駅のある1点を通過する際の速度などです。

このように、各点における傾き（変化の割合）を微分と言います。
傾きは何を表すでしょう？　この新幹線の例では傾きが急なほど短時間
でめっちゃ進むことを表します。つまり傾きは速さを表しているんです。
仮に、静岡駅の新幹線のホームの長さを450m、そこを6.5秒で通過し
たとすると、その際のスピードは時速249.2kmと算出できます。微分は
このように、より詳しいデータをとるときなどにとても役立つのです。

悩み 15

お金が欲しい。 お金持ちになりたい。

みんなお金があったら…って思いますよね。
ホンマにお金持ちの人と普通くらいに
お金を稼いでる人、どこが違うんですかね？
正直わからないけど議論してみましょうか。

 ホンマに稼いでる人って ホンマにお金が好きな気がします

 それは ホンマにそうやと思う

 触るのが好き 見るのが好き

 逆な感じもしますけど。お金は結果っていうか……

 どっちもあるんやない!?

 でもこの悩み ムズくない？

 大金持ちになりたいのか お金がなくて困ってるのか
それによっても解決策は違ってくるしね

 いったん 学生レベルのお金ない人の例で考えてみます？
僕 いい方法思いついたんですけど

 ほぉ～ どんな？

 それはですね……
筋トレすることです

  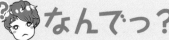 **なんでっ？**

124

筋トレするとお金が貯まる理論

筋トレはお金がなくても始められる

⬇

筋トレすると筋肉をつけたいので食生活が変わる

⬇

ムダな脂肪をつけたくないのでお菓子を食べなくなる
お肉も安価な鳥のササミとかムネ肉を好むようになる

⬇

少しずつお金が貯まる

www   www

 チープすぎるやろ　この理論ww

 ww　それが　そうチープでもないんですよ

検証 〈かけ算〉

仮に1週間に2回、間食したとしましょう。
ポテチ1袋120円を買います。

1週間に2回で　120円×2回＝240円

1か月は4週として　240円×4週＝960円

1年間で　960円×12か月＝1万1520円

   マジか？

 すごいでしょ。
これが筋トレの効果です！
おまけに筋肉もついてきます！！！ww

125

その悩み、僕らが数学で解決します！

 計算して数字見るって 大事なんやね

 直感と違うことが数字で理解できる！

 それっ！

 あと 優先順位をつけるのも重要だと思います。
こんな理論はどうでしょう

欲しいものは一旦メモする理論
〈比較〉

欲しいものはその場で買わず、メモをしましょう。

【メモの数学的な威力】
①優先順位をつけられる（比較）
②欲しいものの総額が見えてくる
③本当に欲しいのか必要なのかがわかる
　　　　　↓その結果
④ムダな買い物が減る
⑤お金が貯まる

 なるほど〜　小学生レベルやけど ww

 僕たち学生は基本 お金ないっすから

 単純だけど こういうのが意外に大事なのかもな

 お金に関しては 期待値で考えてみるのもありかも

どっちが得か考えてみよう〈期待値〉

学生諸君はギャンブルをしないと思うけど一応知っておいてもらいたいのが**期待値**の考え方。大損する人もいるからね。

質問 サイコロを1回振って6が出たら1000円、
1～5が出たら0円。
参加費は200円です。
そんなゲームがあったら、あなたはやりますか?

こんなときに役立つのが期待値。期待値とは簡単に言うと、
(確率)×(結果)のすべての足し算のこと。
上の質問を計算してみるね。

1000円もらえる確率は $\frac{1}{6}$　　0円は $\frac{5}{6}$

なので、

$$\left(\frac{1}{6} \times 1,000\ 円\right) + \left(\frac{5}{6} \times 0\ 円\right) = \frac{500}{3} (\fallingdotseq 170\ 円)$$

数学的には**約170円の期待値**みたいな言い方をする。
つまりこのゲームでは170円儲かることが期待できるんだ。
でも参加費200円だから、-30円になってしまうよね。
だからやらないほうがいいんだ。

 ほお～!

 一発千金を狙う心を冷静にしてくれるんやねｗｗ

 それを言うなら**一攫千金**っすけどｗｗ

 お金って　お金にゆるい人をバカにするんですよ。
だから　儲かるかもって　甘い考えの人は痛い目に遭いますｗｗ
逆に　お金に厳しい人を好みます

ん？　　おもろいね キムのその話

数学じゃないけど いいですか

お金を愛するとお金持ちになる
〈まじない〉

お金にゆるい人って結局お金を愛してないんです。
だからお金が逃げていきます。
でもお金に厳しい人は、極端な例で言うと、割り勘も1円
単位できっちりやる。だから貯まります。お
金に誠実で、お金を愛してるということです。
お金持ちになりたいなら、お金を愛せばいい。
お金を愛するためには、毎日ノートに1回、
「私はお金が好きです」と書けばいいんです。

www　　　　　　　　　　　　　　　　www

 おまじないやんけ 自己暗示？ｗｗ

 キムやってるの？

 やってないです www

　　　　　　　　　　　　　wwww

 でも お金に誠実になるっていうのは大事ちゃう？

 お金の価値を知るってことですよね。
数式で書くとこうなります。

価値 ∝ お金

価値はお金に比例するって意味です

これはマジ そうなんやない？
お金って価値との交換だから。
給料も基本 その人の価値に応じて支払われる。。。

 実際に計算してみようか！

検証 必死にアルバイトしていくら稼げるか!?

 いろいろな仕事がありますが、**仮**に居酒屋でバイトしたとしましょう。
24 時間 365 日**不眠不休**で働いた。時給は 1500 円。

$$1500 円 \times 24 時間 \times 365 日 = 1314 万円$$

  ｗｗｗｗ

 ムリっすｗｗ 不眠不休で働いたら死にます

 ブラックすぎです この店ｗｗ

 では条件変えてみます。
12 時間、週 6 で働いたとしましょう。

$$1500 円 \times 12 時間 \times \frac{6}{7} \times 365 日 = 563 万 1428 円$$

 これもムリめやけどなｗｗ

 どんだけやっても これが上限っすよね

 これ見ると 1000 万円稼ぐ人のスゴさがわかりますね

 計算って やっぱり大事やな

その決めゼリフ
カッコいいｗｗ

 ## これが数学のすごいところです！

話は変わるけど **レアなものには高い値がつく**やん？
それと同じで **希少価値**のある人は高い値がつく!?

 物珍しいだけだと気味悪がられますけどｗｗ

 大衆を魅了し　かつ　その仕事はその人にしかできない……

 そういう人なら **高い報酬を得られる！**

 そこで俺　こんな理論考えたんやけど

自分の希少価値を高める〈かけ算〉

みなさんはどういう人がお金持ちになると思いますか？
運や人との出会いなどいろいろあるけど、僕は希少価値の
高い人ほど、多くの人に必要とされ、お金が集まってくる
と思ってるんだ。
例えば、あなたは今まで、勉強（学問）とピアノをがんばっ
てきたとします（下の図）。

名人級				
10000人に1人				
1000人に1人				
100人に1人	ピアノ 勉強 →	ピアノ 勉強	？	？	？

ピアノは100人の中でトップ、勉強は500人の中でトップっ
て、すごいことなんだけど、でもそういう人ってけっこう
いると思う。まだ希少とは言えないんだ。そこであと２～
３個くらい要素を増やしてみる。例えば調理師とか特殊車
両の免許取るとかね。
すると「ピアノもできて勉強もすごくて、さらに料理の腕
前もあり、特殊車両も動かせる」っていう希少な存在にな
れるんだ。

はなおの理論の続き

例えばピアノで100万人中1位になったらすごいよね。めっちゃ稼げると思う。だけどそうなるのはめっちゃ大変。でも、100人中1位ならイケそうな気がしない？ それを3つの分野でつくってみるんだ。するとこうなる。

$$\frac{1}{100} \times \frac{1}{100} \times \frac{1}{100} = \frac{1}{1000000}$$

つまり、**100万人中の1位と同じ希少価値**
なんだよ。

 なるほど〜！

 それには自分を磨く自己投資が大事っすね？

 そう！ 自分の価値を高める。そこに報酬はついてくるからね

 じゃ 習い事のお金稼ぎに 宝くじ買いに行きますか!? ｗｗ

 ｗｗ 今まで何話してたん!?ｗｗ

 まとめ

今回は、２つの立場の人に向けて考えました。
・お金がなくてお金が欲しい人の理論
・将来、大きなお金を得たい人の理論

そして曖昧な事象もいったん計算してみると、現実的な数字として理解できるという数学の偉大さも学びました。さらにお金はその人の価値であるという本質的な部分も見えてきました。
めちゃくちゃ有意義な議論ができたと思うのですが、みなさんも今夜から「私はお金が好きです」とノートに書いてから寝てみてくださいｗｗ。

希少価値（レアリティ）って何？

問題！
もし無料でもらえるなら次のどっちが欲しい？
①世界に１つしかない宝石　②河原に普通にある石

ほとんどの人が①を選んだのでは？　理由はたぶん、世界で１つしかない石だから。これが希少価値ってことです。
この石をネットオークションに出してみよう。すると①の石には100万円→1000万円→1億円と、どんどん高値がついていくよね。
それは希少（レア）だから。多くの人が群がるほど、そのレア物の価値は高まり、高い値段がついていくんです。
人間もこれと同じ。「キミの存在は希少だ」と、自分の強みを認められた人には、高いお金が支払われる＝お金持ちになれるってわけ。

例えば僕の強み（希少価値）を計算してみるね。

①阪大卒：日本の全大学のうち阪大は上位５％だとすると $\dfrac{5}{100}$

②視聴者登録100万人超の YouTuber：仮にそれが200人、日本に YouTuber が１万人いるとすると $\dfrac{200}{10000}$

③理系 YouTuber：〇〇系というジャンルが50だとすると $\dfrac{1}{50}$

この①②③をかけ合わせると僕のレアリティが出るんだ。

$$\frac{5}{100} \times \frac{200}{10000} \times \frac{1}{50} = \frac{1000}{50000000} = \frac{1}{50000}$$

つまり僕という存在は、５万人に１人いるって確率になる。
これが僕の希少価値なんだ。
もちろん、僕という人間は上の３つの要素だけではないので、この計算はまだ途中なんだけどね。
ＳＭＡＰの『世界に一つだけの花』はある意味、希少価値を歌ったものだけど、これを数学的に言うと、世界の人口77億人分の1であるってこと。うーん、なかなかたいへん！！

好きなことをやってみよう

「あっ、おもろそう」。実は僕、こんな思いで YouTube を始めたんですよ。大学時代、後輩から動画を見せてもらって「これ、やってみたい。やってみよう」って、最初はそんな軽いノリでした。でも、もしもそのときにやり始めていなければ YouTuber としてのはなおは、たぶんいなかったと思います。

こんな風に、興味を持ったことに対し、まずは動いてみることって僕はめちゃくちゃ大事だと思ってるんです。

「これおいしそう」ってヒョイとつまみ食いするような感覚で新たなことに取り組む人がいますよね。それはすごい才能だと思う。

そうやって興味を持ってやり始めたことの中から、本当にやりたいことや、得意なものが見えてくる。それが自分の希少価値の基になると思うんです。

YouTube を始めたとき、僕はその世界のことを何も知らない素人でした。だけどやってるうちに大好きになってしまい、のめり込んだ。そして今ではそれが僕の中の太い幹になっています。

僕、Twitter のプロフィールには「なんでもコンテンツ屋さん」と書いてるんだけど、今はいろんなコンテンツに興味があります。

服のデザインも音楽も映画も本もいろんなメディアに挑戦したい。それにはよき仲間が必要だと思ってます。そして仲間を得るには、自分の中の熱量が大事だと思ってるんです。熱量を上げるためにも、まずは自分を楽しませたい。それが相手にも伝わると思うから。

僕は大阪大学の電子物理科学科に入学し、そこででんがんと出会った。そして同じ部活に入り、苦楽を共にした。それが長じて、今はコンビで、「はなおでんがんチャンネル」をやっています。でんがんは僕にないものをたくさん持っていて、僕にはでんがんにないものがある。1億人以上いる日本人の中で得た、まさにレアな仲間なんです。

悩み16

死んだら
どうなるの。

死んだら俺の魂はどこ行くのか？
生まれ変わりはあるのか？
なんで自分がこの世に存在するのか？
俺はよく考えるけど、みんなの考えは？

 死んだら終わり　何も残らない　以上！

 あっさりやなｗｗ

 この質問　本当は僕らじゃなく
死んだ人に聞かないとあかんやつですよね

 気づきましたか！　なので以上！ｗｗ

 ｗｗ　でも　死んだ人は答えてくれへんから
俺らが頭をひねって考えるわけやん

   ん〜　ムズイわ〜

 この本の編集者さんが言ってたんだけど……
魂の重さを計測したお医者さんがいたんやって。
100年くらい前　アメリカの話らしいけど

 怪しいオカルト話っすね

 人が死ぬ瞬間に　体重が何十グラムかスッと軽くなる。
その軽くなった分が魂の重さやと

 マジか！

俺は 自分の体は着ぐるみやと思ってんのよ

   ‥‥‥‥

 もうちょっとわかりやすく言うと
自分の体はガンダムみたいなもんで 魂がパイロット。
俺の魂が 俺という人間を操縦してるわけよ

 もう！　意味不明すぎます

 キリスト教には 天国とか地獄って概念がありますよね？

 あるね

 で 人がどんどん死んで天国と地獄に行ってたら
いつか満員になるんじゃないかって 僕は危惧してます

 ちょっと！　なんですか キムさんまで!?

 輪廻転生して魂が宿主を変えてると考えたほうが
場所もとらないし 論理的です

 ぜんぜん論理的じゃないです！

 まあでも 実際のところは誰もわからんわけやん？

 そう！　だからどんな説もありやし 間違ってもない

 俺はけっきょく死んだら消える説やけどね

 ですよね！

 死んだらゼロになる だから生は尊い！

 まあ それは間違いない！

死は虚数 i である説 〈虚数〉

例えば $x^2 = -1$

この2次方程式の x の答えってわかる？

x が (+1) なら、(+1) × (+1) = (+1) になるし、

x が (−1) なら、(−1) × (−1) = (+1) になる。

つまり一般的には（実数の範囲では）解（答え）がないんだけど、数学ではこうなるんだ。

$$x = \pm i$$

数学では i というありえない数字が存在するんだ。

これを虚数って言う。$i^2 = -1$。2乗して−1になる数字なんて実体のないウソの数字なんだよ。

プラスにもマイナスにも化ける幽霊のような数字。

なぜリアルを求める数学が虚数みたいな幽霊数字をつくったんだと思う？ それは、そういう幽霊数字がないと解けない問題があったからなんだ。

つまり、こういうことが言える。

実存の世界で生きてる俺らが死について考えることは、

実数の世界で虚数 i を考えるのと同じようなことなんだ。

実数
＝
生きている
状態

⟷

虚数（i）
＝
死んでいる
状態

 僕らも 数学では幽霊みたいな虚数を使ってるってことですね

 そこはまあ いったん納得しておきましょう

 ほんで 俺が思う死の世界はこんな感じなんよ

なんの根拠もない話よ

あの世には魂の池がある説〈虚（うつろ）な話〉

人は死ぬと魂が抜け出て、魂はあの世に飛んでいく。
あの世には池みたいなものがあって魂はそこに入る。
その池で次に誰かの体に入る順番待ちをしとるのよ。

 ほんで順番待ちしてる魂はどうなるの？

 お呼びがかかると精子になるんよ

  ・・・・・・　 意味不明っす

でんがんの説の続き 〈虚な話〉

人間は魂と物体（肉体）からできている。
そして、魂は精子、物体は卵子が基になっている。

池で順番待ちしてる魂には、お呼びがかかる。
「5人死んだので5人募集します」と。
そこで「はい！ 私行きます」と手を挙げる。そこは、早い
もん勝ちやねん。で、池の神さまから「あなたの番です」
と許可が下りた魂は父さんの精子にす〜っと入っていき、
新たな命が誕生しますとさ。めでたしめでたし。

 何がめでたしめでたしですかｗｗ

 命の誕生 めでたいやん www

でんがんさん いつもこんなこと考えてんっすか?

 いつもやないよ。でも俺は 独自のビッグバン理論とか
絶対に証明できそうもないことを考えるのが好きなんよ

 仮説を立てて解けない問題に挑むのは
数学の面白さよな

 それはそうですけど……

 で 俺もでんがんさんの説に乗って考えてみた。
題して**魂保存の法則**

魂保存の法則〈実空間と虚空間〉

この世には、僕らが生きている**実空間**だけでなく、
虚空間という目には見えない世界が存在している。
こんな感じかな。

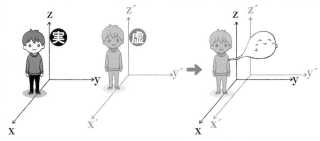

死んだ瞬間、魂は肉体を離れ、体はただの物体になる。
物体はそのまま実空間に残る。
また、**体に残っていたエネルギー**も実空間の
中に消えていく。やがて肉体も火葬されて無くなるけど、
その時点で熱エネルギーに変換されたり、煙になったりし
て、かたちを変えて実空間の中に溶け込むんだ。
いっぽう、肉体を離れた魂は、虚空間で保存される。エネ
ルギーのような、かたちのない状態だ。

わかるような わからないようなｗｗ

 まあ そこは仮説ですからｗｗ

 俺 めっちゃわかるわーｗｗ

 ｗｗｗｗ

はなおの説の続き〈虚な話〉

人間の構造はこうなってるんだ。

$$人間 = \boxed{\begin{array}{c}\textbf{実空間}\\ 肉体 + エネルギー + 魂\end{array}} + \boxed{\begin{array}{c}\textbf{虚空間}\\ 実体のないカラダ \\ + エネルギー + 魂\end{array}}$$

体を動かすのはリアルなエネルギーだし、この他にも愛のエネルギーとか喜怒哀楽などの想いや念はリアルな魂の中にある。
そして実空間は虚空間と
裏表のような存在なんだ。

人が死ぬと魂は虚空間に
いったん保存され、誕生
後はまた実空間に戻る。
母さんのお腹の中にいる
赤ちゃんは、虚空間から
少しずついろいろなもの
を吸い取って育っていく
んだ。

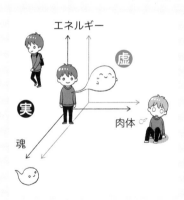

 うんうん！ なるほどなるほど！

 まあ仮説ですから いったん認めましょうかｗｗ

 あくまでも想像やからねｗｗ

その悩み、僕らが 数学で解決します！

 死んだらどうなる？ って悩みもわかるんですけど
でも僕は やっぱりどう生きるかが大切だと思うんです

 それ！
僕がさっきから死の話に否定的なのはそのためです！

 そこでちょっと考えてみました

生きろ。そなたは美しい理論
〈積分〉

人生には紆余曲折があります。よいときもあれば悪いときもある。グラフに表すと下の図のようになります。
縦軸はハッピーの h、横軸は時間の t です。

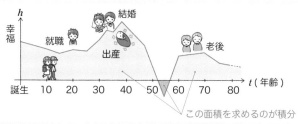

この面積を求めるのが積分

僕の理論は、この人生の**ハッピー関数を積分**しようというものです。関数を積分するとは、簡単に言うと、その**面積を求める**ということです。
例えば、次のような2人の人生があったとします。

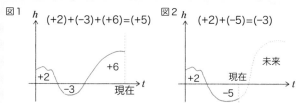

図1 h $(+2)+(-3)+(+6)=(+5)$ 図2 h $(+2)+(-5)=(-3)$

キムの理論の続き〈積分〉

この理論では縦軸のゼロより上の面積をプラス、下をマイナスとして計算します。
図1は全体の面積がゼロより大きく幸せな人生と言えます。
図2は面積がゼロより小さく、現在は不幸かもしれない。
でもたとえ今がどん底に思えても、次の展開で急上昇することだってあります。だからあきらめてはいけません。

面積＞0　生きろ。そなたは美しい！
面積＜0　死ぬな。先はわからない！

どうしてもつらいときは、この理論を思い出しましょう！

キムさんの理論に　少し捕足します

カオス理論〈別名：バタフライ理論〉

カオスとは数学の言葉で、ほんの少しの値のズレが予想もできない結果を引き起こすというもの。
∴人間というものは数学的にも「ゆらぎ」が生じるものであり、それは予測できない。

ゆえに

まとめ

 うぇ〜い

死んだらどうなる？　という悩みでしたが、最後は、「生きろ」につながりました。
未来は誰にも予測できません。しかも些細なズレで大きく結果は変わります。だから人生を悲観するのではなく、楽しもうやないかと。
これは僕らではなく、数学からのメッセージです。

積分って何？

$$S = \int_a^b f(x)\,dx$$

みなさんは「積分」についてどんな印象を持っていますか？
「高校数学最後の難関」「ちんぷんかんぷん」「わけわからん！」……。
たしかに理系の僕らから見ても、積分は微分と並んで理解が難しい分野
の1つです。高校生で正しく理解しているのは、おそらく上位1％もい
ないのではないでしょうか。そこで、ここではそんな積分を、なんとか
わかりやすく説明したいと思います。まずはざっくりと、
「積分すると面積（体積）がわかる！」
と考えてください。
と言われてもよくわかりませんよね。では次の例を見てみましょう。

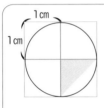

1辺が2cmの正方形の中に円が描かれています。
この円の面積はどれくらいでしょうか？
見たところ2cm×2cm＝4cm²の正方形より小さく、
青で示した三角形（0.5cm²）4個分の2cm²より大き
いことがわかります。しかし、これでは答えにずい
ぶん幅があり、曖昧ですね。

そこで今度は同じ大きさの円を1mm単位のマス目の
中に描いてみました。頑張って数えたところ276
個以上、344個未満でした。1マスは1mm²なので、
276mm²（2.76cm²）より大きく344mm²（3.44cm²）より小
さいとわかります。さっきより答えの幅が小さくな
りましたね。

こうした作業を極限までやれば誤差はどんどん小さくなり、正しい面積
が求められますよね。このように、細かく分けたマスを数える（積みあ
げる）ことを数学的に「積分する」と言っているのです。
反対に、微分は大きいものを細かく見ていくことです。「微分・積分」
とセットのように使われますが、実は全く逆のことをしていたんです。

あとがき

　本書では、細かい数学的な計算よりも普段の悩みを数学で解決することに重きを置いて話してきました。だいぶ強引なところもありましたが、少しは数学が面白おかしくなったのではないでしょうか??　僕たちの YouTube チャンネルをご覧の方なら「いつものはなおでんがんのノリだな」とわかっていただけたと思います。

　多くの学生がこの瞬間も数学という科目に立ち向かい、挫折しています。そのいっぽうで世の中の目まぐるしい技術の発展によって、数学の理解なしには本質の理解ができない社会になってきています。故に数学という科目への理解が必要とされているのです。
　今回は数学という科目を楽しみながら悩みを解決していきましたが、僕たちは、数学という科目から逃げ出した人々に「実は身の回りにも数学はあふれていて、意外と楽しかった」と思ってもらいたいのです（たまに物理や化学も出てきたけどｗｗ）。
　そう！　難解な数式も楽しもうと思えば楽しめるのです。
　本書によって読者のみなさんが数学の楽しさに気づき、自主的に数学的な事象を調べたり勉強したりするようになれば、僕たちにとってこの上なく幸せです。
　また、本書では僕たち４人の想いや学生時代のエピソードなども掲載しました。学生を中心とした視聴者に対して動画投稿を行っている僕らだからこそ伝えられることもあるのではないかと考えたのです。読者のみなさんに僕たちの経験が少しでもタメになれば幸いです。

　ここまで読んでいただき本当にありがとうございます。
　今後も変わることなく、僕たちは「数学で遊ぶ」をさまざまな場所で体現していきます。もちろん YouTube というプラットフォームはその最前線です。
「数学は苦手」と思うみなさんが、「数学に興味を持つ」に変化し、「もう一度学んでみよう」となっていくことを祈っています。

一同　礼！

その悩み、僕らなら数学で解決できます！

2020 年 4 月 30 日　初版発行
2020 年 5 月 20 日　3 刷発行

著　者　はなお&でんがんと仲間たち

発行者　小野寺優
発行所　株式会社河出書房新社
　　　　〒 151-0051
　　　　東京都渋谷区千駄ヶ谷 2-32-2
　　　　電話　03-3404-1201 （営業）
　　　　　　　03-3404-8611 （編集）
　　　　http://www.kawade.co.jp/

企画・編集　BE-million
印刷・製本　凸版印刷株式会社